太空的边界

揭开宇宙探索之谜

〔英〕BBC《聚焦》杂志 / 编　　邵杜罔 / 译

SPACE
THE FINAL FRONTIERS

浙江人民出版社

图书在版编目（CIP）数据

太空的边界：揭开宇宙探索之谜/英国BBC《聚焦》
杂志编；邵杜罔译. --杭州：浙江人民出版社，
2021.12
ISBN 978-7-213-10287-5

Ⅰ.①太… Ⅱ.①英… ②邵… Ⅲ.①宇宙—普及读物
Ⅳ.①P159-49

中国版本图书馆CIP数据核字(2021)第179050号

太空的边界：揭开宇宙探索之谜

［英］BBC《聚焦》杂志 编 邵杜罔 译

出版发行：浙江人民出版社（杭州市体育场路347号 邮编 310006）
市场部电话：（0571）85061682 85176516
责任编辑：方 程
策划编辑：张锡鹏
营销编辑：陈雯怡 赵 娜 陈芊如
责任校对：陈 春
责任印务：刘彭年
封面设计：北京红杉林文化发展有限公司
电脑制版：北京宏扬意创图文
印 刷：北京阳光印易科技有限公司
开 本：787毫米×1020毫米 1/16 印 张：10
字 数：60千字 插 页：2
版 次：2021年12月第1版 印 次：2021年12月第1次印刷
书 号：ISBN 978-7-213-10287-5
定 价：88.00元

如发现印装质量问题，影响阅读，请与市场部联系调换。

欢迎辞

当人类于1969年首次登陆月球时，整个世界都惊叹于我们这一物种的创造能力。我们已经探索了我们自己星球的表面，现在又成功地踏上了另一个世界。对我们来说，任何困难都是能够克服的。虽然我们之前在月球上着陆过无人飞行器，并且也向金星和火星发送过探测器，但人类登陆月球的梦想一直激励着我们继续探索宇宙。让我们由此解开宇宙，甚至生命本身的秘密。

此后，我们将目光投向比月球更远的地方，探索火星、木星、土星等。我们还开始建造空间站，让我们在探索太空的同时又能尽可能舒适地靠近我们自己的星球。

然而，尽管我们付出了巨大的努力，但宇宙的许多领域至今仍然成谜。例如，尽管进行了多次前往月球的行动，但我们对月球的背面仍然知之甚少，直到"嫦娥四号"的出现。中国的"嫦娥四号"月球探测器在2019年成功降落在月球背面。中国在2020年1月发布了第一组数据，以供天文学家们进行更加深入的研究。在此过程中，这些数据彻底改变了我们对月球的认知。近年来，火星一直是人们的首选探测目的地，但我们仍不确定它是否适合人类生存。因此，在2020年底，欧洲航天局执行了一项前往"红色星球"的任务，以了解那里是否适合人类生存。在过去的几十年中，我们还忽视了地球的另一个邻居——金星，这就是为什么许多科学家认为到了该去那里的时候了。

说到行星，我们仍然不确定太阳系是否在海王星以外存在第九颗行星，因此我们将在本书中看看正在寻找它的科学家们的说法。在更遥远的太阳系以外的星系中，科学家们确信可能存在着类似地球的世界。通过使用全新的探测方法和新型的望远镜，他们相信能够找到它们。

请享受这场宇宙阅读旅行的快乐！

爱丽丝·利普斯科姆·绍斯韦尔

从嫦娥四号着陆器上看到的玉兔二号月球车在月球表面驶过

目 录 CONTENTS

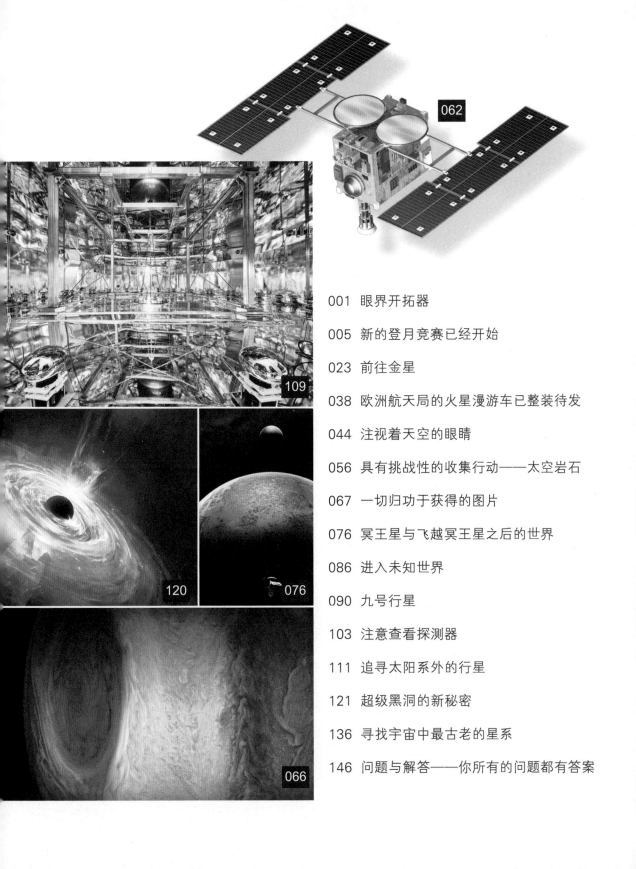

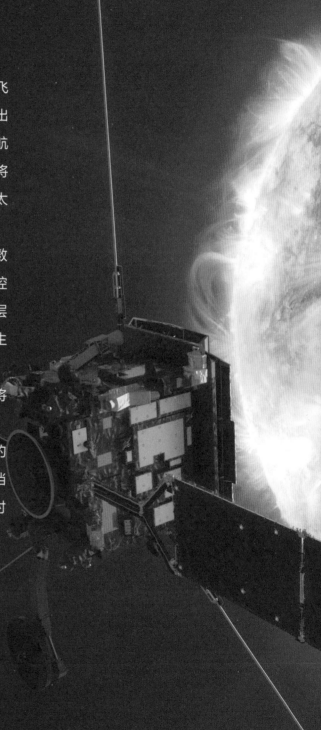

太阳的伙伴

美国，佛罗里达州

在2020年2月6日凌晨，太阳轨道飞行器从美国佛罗里达州的卡纳维拉尔角出发，开始了前往太阳的旅程。美国国家航空航天局和欧洲航天局的这项联合任务将揭开太阳的神秘面纱，并将第一次拍摄太阳极地地区的高分辨率照片。

太阳轨道飞行器上的探测器收集的数据，将帮助我们了解太阳是如何产生并控制围绕着太阳系巨大的等离子气泡日球层的，并研究日冕物质抛射和太阳风的产生原理。

在执行任务期间，太阳轨道飞行器将承受比在地球上强13倍的太阳光照。

为了保护探测器内部免受强烈辐射的影响，太阳轨道飞行器的仪器被隐藏在挡热板上小小的"窥视孔"后面，不运行时窥视孔会自动关闭。

欧洲航天局

眼界开拓器

一束光的照射

美国，加利福尼亚

　　一位工程师正在美国加利福尼亚州的喷气推进实验室里，使用太阳强度探针仔细测量照射在美国国家航空航天局2020火星探测器不同部位的人造太阳光强度。 利用这些关键数据，科学家将能确定这个汽车大小的机器人探测器在火星表面的阳光下有

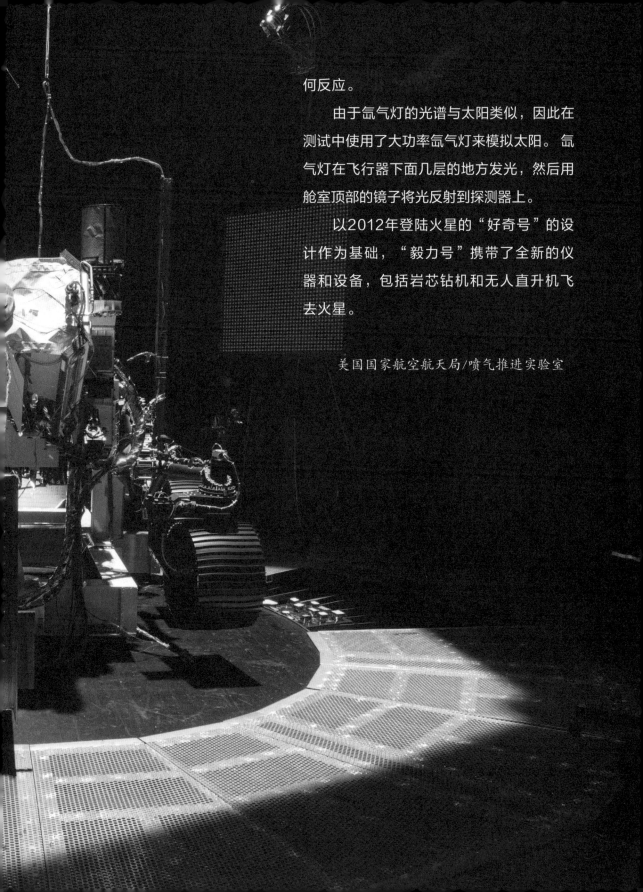

何反应。

由于氙气灯的光谱与太阳类似，因此在测试中使用了大功率氙气灯来模拟太阳。氙气灯在飞行器下面几层的地方发光，然后用舱室顶部的镜子将光反射到探测器上。

以2012年登陆火星的"好奇号"的设计作为基础，"毅力号"携带了全新的仪器和设备，包括岩芯钻机和无人直升机飞去火星。

美国国家航空航天局/喷气推进实验室

中国建立月球基地的计划

2020年1月是中国嫦娥四号首次登陆月球背面的一周年，中国国家航天局发布了收集到的一些数据和图像。

回顾2019年1月3日，当中国成功地将嫦娥四号飞行器降落到月球表面时，人们兴奋不已。仅仅12小时之后，玉兔二号月球车驶下坡道，将其轮胎痕迹第一次印在了月球背面的尘土上。伦敦大学伯贝克学院的行星科学家伊恩·克劳福德（Ian Crawford）教授评论道："这是太空探索历史上极为重要的时刻。"

嫦娥是中国月亮女神的名字，玉兔是她的宠物白兔子，据说人们可以在月球的表面看见它，就像西方传说中的月亮人一样。经过多年月面探索的沉寂后，嫦娥四号的成功登陆标志着人类重新返回月球的表面。而在过去的许多年里，美国一直在努力探索太阳系的其他部分。

在1972年"阿波罗计划"结束后，人们对月球的兴趣开始减弱。到1976年，关于月球表面的机器人飞行任务也取消了。直到2013年12月，作为嫦娥三号任务的一部分，中国的第一台玉兔月球车在月球正面登陆了，中国成为继美国和苏联之后第三个成功发射并在月面放置月球车的国家。

由于地球的潮汐锁定，我们只能看到月球的一侧，而另一侧则永久地背对着我们，这就是嫦娥四号要在新月时登陆月球的原因。因为在那一刻，面正对我们的一侧陷入黑暗，而背对我们的一侧则完全被太阳照亮了。无论登陆在哪一侧，嫦娥四号在月球上都必须忍受两周的寒冷和黑暗，然后迎接它的是两周强烈的日光照射。

新的登月竞赛已经开始

北京航天飞行控制中心的技术人员正在庆祝嫦娥四号成功登月

"尽管在1959年苏联就拍摄了月球背面的第一张照片，但直到现在才真正有人造物体在月球背面进行登陆探测。"

要了解更多有关月球背面信息的唯一方法，就是向月球背面发射探测器（或技术人员）以进行近距离的观察。尽管在1959年苏联就拍摄了月球背面的第一张照片，但直到现在才真正有人造物体在月球背面进行登陆探测。在20世纪70年代，美国国家航空航天局拒绝了最后一次人类登月任务——向月球背面发送阿波罗17号的计划，部分原因是通信方面存在困难，因为月球本身会阻挡阿波罗17号与地球之间的通信信号。

登陆月球

为了解决通信问题，2018年，鹊桥号中继卫星成功实施轨道捕获控制，进入环绕距月球约6.5万千米的地月拉格朗日点（L2点）的晕轮轨道，利用它将嫦娥四号发出的信号传回中国和位于世界各地的其他基站。与正面着陆月球相比，这个系统使这次行动更像一场精妙的芭蕾舞表演。在着陆月球前，科学家们花了4个星期的时间才把这个关键的中继系统测试完毕。与月球正面相对平滑的地形相比，月球背面的地形起伏更大，这意味着要避免更多潜在的着陆危险。根据国际月球探测工作组执行董事贝尔纳·富万（Bernard H. Foing）教授的说法，要取得成功就必须"完成一系列关键的机动，包括发射、地月轨道转移、捕获月球位置、脱离绕月轨道、稳定并受控下降、避险、软着陆，以及漫游车和仪器的部署和调试"。这一切都需要完美实现。嫦娥四号的总设计师孙泽洲在确认成功后不久便对外宣布："整个过程符合预期设计，结果非常精确，着陆非常稳定。"

嫦娥四号选择的着陆点是180千米宽的以航天工程师西奥多·冯·卡门（Theodore von Kármán）的名字命名的冯·卡门陨击坑，他在20世纪的空气动力学领域里取得了许多重要的成就。冯·卡门火山口是一个撞击点，它叠加在更大的、被称为南极–艾特肯盆地的碰撞疤痕上。富万说："它是月球上最大、最深、最古老的撞击结构。" 将珠穆朗玛峰放在火山口底部，它的山顶几乎不会超过该火山口。 冯·卡门火山口具有极大的地质学意义，因为它可以提供一个小行星与婴儿期的地球相撞后抛入太空的碎屑形成月球的假说的有关线索。 在月球形成早期，冯·卡门火山口被熔岩淹没，这意味着冯·卡门火山口的地表相对光滑，降落的危险性远低于远处的其他地方。 克劳福德评论说："之所以选择这个地点降落完全是出于安全性的考虑。"

形成南极–艾特肯盆地的巨大撞击很可能已经深入到月球的地幔之中，使得更深处的玄武岩物质暴露在月表上。克劳福德评论道："以前从未有人测量过月球背面玄武岩的成分。"但是，并不能确定可以那样去做，因为有趣的东西很有可能被淹没在盆地中的熔岩流覆盖层下面。像所有的太空行动一样，设计嫦娥四号的科学家们必须平衡风险和回报。因此，他们采用了另一种在月球地下获取数据的方式，玉兔二号月球车搭载了测月雷达（LPR，Lunar Penetrating Radar）的仪器，它可以扫描到月球背面地下深达100米的地质结构。

自拍时刻!
玉兔二号月球车在月球表面前进时留下了崭新的轨迹

潮汐锁定后，我们永远只能看到月球的一面

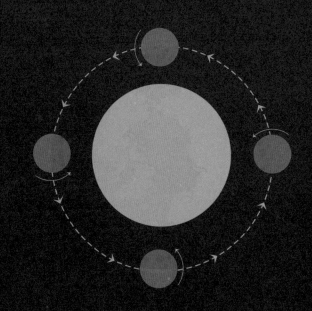

为什么我们只能看到月亮的一面呢？

　　多亏了平克·弗洛伊德（Pink Floyd）1973年的摇滚专辑《月之暗面》（*The Dark Side of the Moon*），天文学家们才会经常谈论"月球的黑暗面"。但实际上月球并没有黑暗面，至少没有永远的黑暗面。由于潮汐锁定的作用，我们只能看到月球的正面，而看不到背面。随着时间的流逝，地球的引力会减缓月球在其轴上的自转，直到它与绕行我们的时间相匹配（均为27.3天）。所以月亮仍是在旋转的，只是我们永远看不到它的另一面。月亮总是一半被照亮，而另一半在黑暗之中（白天和黑夜，就像地球上一样）。太阳光落在哪里取决于月球在地球周围的位置。当月球在我们和太阳之间时，它的背面被完全照亮了，绝对不是黑暗的。它的背面完全黑暗的唯一时刻，是当我们正经历满月的时候。

月球正面的着陆和坠毁地点

　　地质勘测远不是嫦娥四号的唯一任务，其他各种各样的实验仪器也塞在嫦娥四号的舱内被带到月球上去了。许多天文学家认为月球的背面是建造射电望远镜的理想场所。由于月球本身屏蔽了地球的背景噪声，在那里的任何天文台都可以自由地对微弱的天文无线电信号进行灵敏的测量。嫦娥四号此行就携带了一台能够进行低频射电天文观测的空间无线电信号的仪器。克劳福德认为，如果这次行动的结果富有成效的话，它将促使未来进行更加尖端的射电天文学行动。但是，嫦娥四号的大多数非地质实验都是为了确定人类未来执行登月计划的可能性。根据富万的说法，未来将进行一个名为ASAN的实验，"将研究太阳风如何与月球表面相互作用，甚至可能研究在月球上形成水的过程"。南极 – 艾特肯盆地被认为是大量水冰的家园，这是未来月球居民生存的重要资源。同时，未来的登月宇航员也将受到这个相互作用的保护，免受太空恶劣环境的影响。因为在月球表面的宇航员很容易会受到来自太阳风暴，以及星系中其他地方爆炸所产生的宇宙射线带来的大量辐射的影响。中国与德国基尔大学合作开发的"月表中子与辐射剂量探测仪（LND）"将评估嫦娥四号着陆点附近中子剂量的强度。

嫦娥四号
着陆点

冷海

柏拉图陨坑平原

雨海

阿基米德陨石坑

峰山脉

静海

阿利斯塔克陨石坑

阿基米

埃拉托色尼陨石坑

哥白尼陨坑

危海

风暴洋

澄海

丰富海

阿波罗11号着陆点

嫦娥一号撞击点

托勒密陨石坑

酒海

云海

湿海

第谷陨石坑

克拉维斯陨石坑

●美国　●苏联/俄罗斯　○中国　●日本　●欧洲空间局　○印度　✳坠毁地点

012

采掘月球

在月球表面，我们可能会有丰厚的收获。

为什么要采掘月球？

月球的总质量为73万亿吨。粗略的计算表明，如果每天从月球挖走1吨的物质，则需要2.2亿年的时间才能使月球的总质量减少1%。这种质量的改变不足以引起月球轨道的变化，也不会影响其对地球的潮汐作用。对月球的地质调查表明，它含有一些对人类发展至关重要的元素，这些元素在地球上的供应日趋短缺。它们包括：

氦-3

氦-3是氦的同位素，它的原子核由2个质子和1个中子组成，而不是像更常见的氦-4那样由2个质子和2个中子组成。尽管氦-3在地球上很少见，但在月球的土壤和岩石中的含量却相对丰富。它可以在未来新型能源的研发中发挥重要的作用，特别是作为向核聚变反应堆提供动力的能源。

稀土元素

稀土元素对于新型材料的制造来说至关重要，通常被用在智能手机、计算机和高端医疗设备的制造中。全球约90%的稀土元素是由中国供应的，而专家预测稀土元素只剩下15～20年的供应储存。随着地球上稀土元素供应量的减少，月球很可能会成为未来重要的稀土元素的来源之一。

你好，嫦娥四号！
艺术家对中国登月行动的描绘

❶ 中继卫星

它滞留于距月球表面6.5万千米的地方，用于将无线电信号传回地球。

❷ 月表中子与辐射剂量探测仪

它可以用来测量月球背面的辐射强度，以便于为将来人类登月做准备。

❸ 测月雷达

它可以扫描月表下深达100米的地层。

❹ 发射天线

它会将从玉兔二号月球车发来的科学数据和图像发送给中继卫星。

❺ 全景相机

这台相机已将月球背面令人惊叹的景观图像传回到地球。

❻ 太阳能电池板

它们为月球车供电，但仅在每个月球背面被太阳照亮的两个星期中工作。

❼ 低频射电频谱仪天线杆

这3根5米长的天线将接收在宇宙大爆炸发生后产生的早期宇宙无线电波。

❽ 月球微生态系统

着陆器进行了一项生物实验，以棉花、油菜、土豆、拟南芥、酵母和果蝇6种生物作为样本，将它们的种子和虫卵带到月球上进行培育，几天后该科普实验就会因断电结束。

2003年10月，中国第一位航天员杨利伟走出神舟五号返回舱后向人群挥手

月球上有生命吗？

激发我们集体想象力的这项实验是嫦娥四号的月球微生态系统。其在着陆月面后启动了实验电源，并将温度调节到24℃。一个微型照相机一直在监视着生物是否可以在恶劣的外星球环境中生存。据报道，2019年1月15日，一些种子开始发芽，并发布了棉籽幼苗的图像。但是，成功的时间很短。据报道，那些嫩芽未能在月球的夜晚存活下来。而其他生物都没有显示出任何生命的迹象，这项实验在原计划的100天工作日中只进行了9天就取消了。尽管如此，从现在起直至几十年后，人类仍可以将这一实验视为月球生命的开始。毫无疑问，中国正在为此而努力。中国的月球卫星发射遵循的是与之前美国国家航空航天局发射阿波罗飞船时相似的模式：首先向月球发射嫦娥一号和嫦娥二号卫星，然后将月球车降落在月球正面（嫦娥三号）。再将嫦娥四号在月球的背面登陆，这是人类的首次。富万评论说："嫦娥四号的项目将让中国未来的机器人和人类着陆月球技术更加成熟。"

在太空探索方面，杨利伟于2003年成为第一位中国航天员（taikonaut）。截至2020年1月，中国已有11名航天员进入了太空，其中一些被送往名为"天宫一号"的中国空间站原型。该空间站原型从2011年至2018年一直在近地轨道上运行，最后坠落到南太平洋。据报道，它在进入大气层后开始燃烧。现在，中国又拥有了一个新的、更加完善的、与国际空间站相匹配的空间站。结合在嫦娥四号上取得的经验，可以预期中国最早将在2025年向月球派遣航天员。与此同时，中国已经计划好执行更多的机器人任务。"中国航天的下一步任务是发射嫦娥五号和嫦娥六号"，富万如是说。嫦娥五号已于2020年11月发射成功，目标是从月球正面一侧取回月球的物质样本，从而进行科学研究，同时也为将登月的航天员带回地球铺平道路。富万说道："在中国未来的登月计划中，许多机器人着陆器可能会建立一个月球的机器人村落。"

太空开发

自20世纪70年代以来，除了中国，没有其他国家在月球上降落过任何东西。拥有成熟的月球着陆的技术可以使中国带头开发月球的自然资源。通过分析月球背面土壤的组成成分，中国获得了第一手月球资源的有用信息。现在普遍认为月球上含有大量的氦–3，这是在地球上极为罕见的一种化学物质，除此之外，中国还可能在那些未开发的岩石中找到一些另类的"宝藏"。世界各国宇航局对嫦娥四号任务的顺利完成表示了祝贺，并开始与中国国家航天局谈论潜在的合作项目，以期未来进行更多的合作。

"从现在起直至几十年后，人类仍可以将这一实验视为月球生命的开始。"

更加开放的太空开发合作

嫦娥四号的成功登陆，再次使中国的太空计划成为人们关注的焦点，并引出了一个问题，即"中国现在是否在太空探索中扮演着重要的角色"。答案无疑是肯定的。尽管有些人会利用半个多世纪前美国和苏联就已将航天器降落在月球上的事实为理由，拒不承认中国的最新成就，但这并没有什么意义，科学是为全人类服务的。

2018年，世界各国的火箭发射数量并没有引起像嫦娥四号那么大的媒体关注度，但我们要注意的是：在2018年，中国共发射了39枚火箭，其中只失败了1次。相比之下，美国发射了34枚，全部成功；俄罗斯发射了20枚火箭，有1次失败；欧洲落在后面，共发射了8次，有1次失败；印度和日本则分别发射了7枚和6枚火箭，全部成功。中国的火箭发射地位在世界上越来越难以被忽视，特别是随着中国对太空开发合作持开放的态度，嫦娥四号上就进行了来自瑞典、德国、荷兰和沙特阿拉伯等国家的研究实验。 2017年，中国宣布了永久性空间站计划。值得注意的是，中国与联合国签署了一项协议，允许其他国家的实验和宇航员使用该空间站。该空间站的核心模块计划于2021年发射，已征集到来自27个国家和地区的合作项目建议书。但是，由于美国国会在2011年禁止美国国家航空航天局使用其资金接待中国访客，所以美国不太可能会参加这次合作。负责国际空间站的同一组太空机构（美国国家航空航天局、欧洲航天局、俄罗斯联邦航天局、日本宇宙航空研究开发机构和加拿大空间局）已经在开发月球轨道空间站（LOP-G）了。月球轨道空间站在21世纪20年代中后期，月球轨道空间站将携载4名宇航员在月球周围的轨道上飞行。但是，有一些批评家认为月球轨道空间站是一项花费不菲的计划，目的是降低将宇航员送往火星去的难度。因此，如果中国对月球感兴趣的话，那么批评家们很有可能会呼吁美国政府将精力集中到火星上去，从而重新确立美国国家航空航天局在太空探索中的领先地位。但是，那样的计划将不可避免地导致美国国家航空航天局与它的国际伙伴们产生分歧。众所周知，其他国家都更倾向于登月行动。

因此，未来的太空探索将会十分有趣。与20世纪60年代的太空竞赛不同，当时美国和苏联都争着要在月球上着陆，而如今我们很可能会看到两个平行的太空计划同步发展，分别由中美两国带领。而且，尽管我们不太可能看到中美两国在太空探索的目标上进行直接的竞争，但可以确定，双方都会努力发展自己的路线。

作者：柯林·斯图尔特（天文学作家）

前往金星

科学家们希望重新研究金星，他们想由此尝试解答为什么它会从一个宜人的星球变成一个火热而骇人的地狱。

地球有一个毒化了的双胞胎——金星。就星球的大小和相距地球的远近而言，金星无疑是距离地球最近的行星，但它的地表环境却与地球迥然不同。地球是无数生命的家园，而金星的表面则是令人毛骨悚然的灼热，其上充斥着二氧化碳气体，并由此产生了相当于地球水下将近1000米的地表气压。

然而，金星的环境并不是一直如此。曾几何时，金星可能具有与地球相似的气候环境，甚至还可能拥有海洋和地壳板块构造。金星究竟发生了什么，这个问题是科学家探索金星的驱动力，这些努力有望为如何使行星变得宜居提供新的线索，甚至可以指导我们在宇宙中的其他地方寻找生命。

地球和金星的大小极为
相似，这使它们得到
了"双子行星"的绰号

在过去的20年间，对金星进行探测一直是一个不受关注的话题。前往火星、木星、土星和冥王星的行动占据了头条新闻，可怜的金星成了一个被新闻遗忘的星球。但情况并非总是如此。实际上，在太空探索的初期阶段，金星曾是我们的第一个目标。

早期的探索者们

1962年，美国国家航空航天局的水手2号探测器飞越金星，成为史上第一个飞越另一个行星的太空探测器。5年后，苏联的金星4号探测器进入了金星大气层，成为第一个进入另一个星球大气层的太空探测器。同年，美国国家航空航天局的水手5号探测器成功地完成了第二次飞越金星的任务。科学界对金星的探索进行得如火如荼。

随后，各国又对金星进行了一系列的探索行动，以发现更多关于金星的信息。其中有些行动失败了，但大多数都是成功的。从20世纪80年代开始，探索金星的步伐大大放慢了。美国国家航空航天局对金星进行探测的最后一次行动是1989年发射"麦哲伦"号金星探测器。那人们为什么放弃对金星的探索呢？随着数据开始从我们的"双子行星"送回，天文学家通过分析认识到金星的高温、令人窒息的大气层以及他们在地表上看到的撞击坑，这些证据都表明金星在生物学和地质学意义上已经死亡，因此以寻找外星生命或类地球地质为目标的科学家们便对金星丧失了研究兴趣。例如，金星上大部分撞击坑的原始状态表明金星的地表是相对年轻的，从而可以推断出历史上某种全球性的火山喷发完全改变了金星的地表形态，导致金星后来的地质活动急剧减少。

当然，这样的推论有待证实。美国国家航空航天局喷气推进实验室的行星地球物理学家休·斯姆雷卡尔（Sue Smrekar）博士评论说："从那时起，很多人进行了计算机模拟分析，结果表明火山喷发改变了金星的地表形态是一个不太可能的推论。与其说金星曾发生过一次大规模的火山喷发，不如说是在'稳定状态'（规模较小且反复出现）下的火山喷发过程中形成了目前的火山口地形。"

相同的行星，不同的气候

如今，金星的平均地表温度为462℃。但是，它并不一直是那么热的。"当太阳系处于45亿年前的早期阶段时，情况有所不同。"伦敦大学皇家霍洛威学院的理查德·盖尔（Richard Ghail）博士说，"那时你很有可能会在火星、地球和金星上看到水和宜人的气候。"他是欧洲航天局拟对金星进行探测的"EnVision"任务的首席科学家。

盖尔解释说，20亿年前，情况与现在完全不同。火星基本上失去了生机，而地球则是一个冰冻的雪球。从地质意义上来讲，地球仍是活跃的行星，只不过是结上了冰，类似于木卫二今天的样子。

"金星看起来像是地球的炽热版本，"盖尔说道，"它那时仍然有海洋，只不过它们正在蒸发……它的环境开始变得难以承受生命。"对于这一点，他补充道："在那时，你会认为金星、地球和火星在生物学上都注定是失败的。然而，地球脱离了那个状况并进入了出现生命的新阶段。"

了解金星的地质历史，对于理解这两个星球截然不同的命运是至关重要的。尽管眼下金星在地质上并不活跃，但它过去的火山活动模式将是帮助我们进一步了解它的重要线索。例如，火山活动的次数可能与金星大气层中有毒的二氧化硫的含量有关，这也是它无法有生命存在的关键原因。斯姆雷卡尔说道："我们就是想知道为什么金星会与地球不同。"

自美国国家航空航天局于1989年执行"麦哲伦"任务以来，人类尚未对金星的表面绘制过地图。斯姆雷卡尔说："冥王星现在拥有比金

美国国家航空航天局的水手2号探测器于1962年飞越金星，是史上第一个飞越另一个行星的太空探测器

"当太阳系处于45亿年前的早期阶段时，情况有所不同。那时你很有可能会在火星、地球和金星上看到水和宜人的气候。"

星更好的地形图，因此现在是时候进行更新了。"这就是为什么需要"VERITAS"任务——对金星（Venus）开展发射率（Emissivity）、射电（Radio）科学、合成孔径雷达干涉测量（InSAR）、地形（Topography）和光谱学（Spectroscopy）的研究。这项任务的目标是利用雷达和对金星表面热特性的测量来生成高分辨率的金星地形图，从而收集整个金星表面岩石类型的信息。目前，美国国家航空航天局正在考虑从"发现"计划（一系列探索太阳系的低成本任务）中拨款资助这项任务。这将有助于确定金星火山历史的性质，还可以回答金星是否有过板块构造，以及水在其地质演化的历史中起到什么作用的问题。

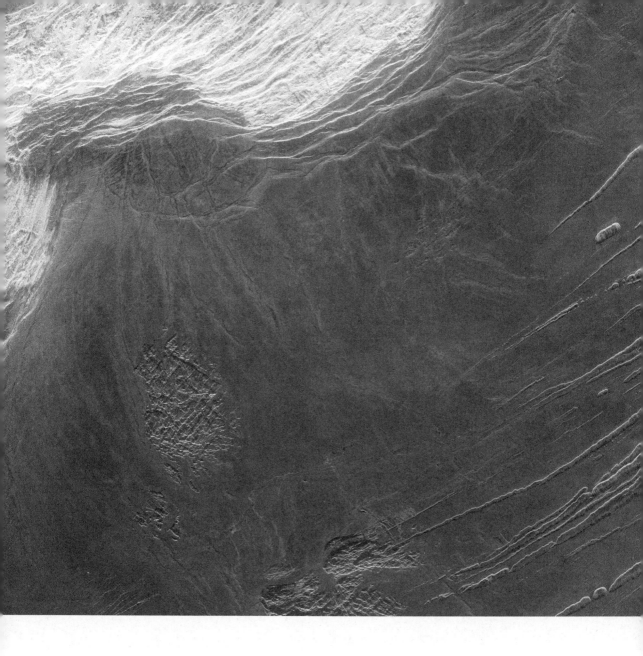

金星上的麦克斯韦山脉（Maxwell Montes）包括了金星的最高点斯卡蒂山（Ska-di Mons）

金星

与太阳的平均距离：1.082×10^8 千米

半径：6052千米

重量：4.87×10^{24} 千克

平均表面温度：462摄氏度

大气中二氧化碳的比例：96.5%

表面大气压力：9.2×10^6 帕斯卡

舒克拉雅1号

预计发射时间：2024年

航天机构：印度空间研究组织

行动目标：环绕金星飞行，研究金星地表以及金星的大气层，可能携载雷达、等离子波探测器和云监测相机

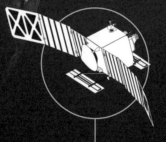

VERITAS

预计发射时间：2021年

航天机构：美国国家航空航天局

行动目标：环绕飞行，获取金星地表的高分辨率地形图和岩石类型图

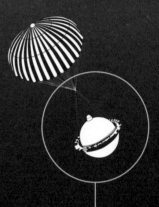

DAVINCI+

预计发射时间：2021年

航天机构：美国国家航空航天局

行动目标：下降探测器以了解金星大气的历史，并研究金星下部大气中的化学变化

对金星的探索：至今为止的行动亮点

1962年12月
美国国家航空航天局的水手2号是第一个成功飞越金星的太空探测器。它发送回了关于金星大气层的信息

1967年10月
金星4号是苏联成功发射的第一个金星探测器。该探测器进行了人类第一次对金星大气层的化学分析，揭示出金星的空气大部分由二氧化碳组成

1972年7月
苏联的金星8号是成功降落在金星表面的第一个太空探测器，它发回了50分钟的探测数据

1975年10月
苏联的金星9号是第一个进入金星轨道的太空探测器，而其附带的着陆器则是第一个从另一个行星的表面向地球发送图像的太空探测器

1978年12月
先驱者-金星号是美国国家航空航天局的第一颗金星轨道探测器，它执行了一系列任务，包括绘制金星表面的地形图并测量其磁场

是金星

地球

与太阳的平均距离：1.496×10^8千米

半径：6371千米

质量：5.97×10^{24}千克

平均表面温度：14摄氏度

大气中二氧化碳的比例：0.04%

表面大气压力：1.01×10^5帕斯卡

LLISSE

预计发射时间：2023年

航天机构：美国国家航空航天局

行动目标：该小型探测器可以在金星表面进行数天探测，以获取金星表面气象的相关信息

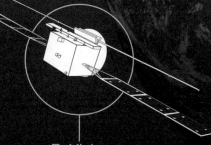

EnVision

预计发射时间：2032年

航天机构：欧洲航天局

行动目标：环绕金星飞行，使用雷达成像技术研究金星的大气、历史和气候

金星-D

预计发射时间：2026—2031年

航天机构：俄罗斯联邦航天局

行动目标：环绕金星飞行，对金星的大气层进行详细观察；放置着陆器，在金星表面进行至少两个小时的研究工作

1985年6月

苏联的太空探测器维加1号和维加2号将着陆器降落到金星上，然后利用金星的引力完成了飞越哈雷彗星的任务

1990年8月

美国国家航空航天局的"麦哲伦"号金星探测器进入围绕金星的轨道，并在那里停留了4年，对整个金星表面进行了高分辨率的雷达测绘

2006年4月

欧洲航天局的金星快车号进入围绕金星的轨道，是人类首个对行星进行长期大气动力学观测的航天器。它发现了金星南极的臭氧层、闪电和巨大的形变涡旋的存在证据

2015年12月

在2010年的一次失败尝试之后，日本"晓"号金星探测器进入到围绕金星的轨道。它目前正在研究金星的大气动力学和云结构

图中展示的是计划于2023年发射的LLISSE，它将能够在金星表面长期运行

金星的表面有许多处辽阔的高原。斯姆雷卡尔评论说："如果这些高原的组成和来源与地球上的高原相似的话，那么它会告诉我们金星曾经历过一些与地球非常类似的地质变化，而水在构成金星的地表结构方面确实曾起到过非常重要的作用。"她补充说道："通过勘察金星上的岩石类型，我们可以发现那里是否曾经有水。例如，某些岩石类型只能在熔岩遇水时才会产生。同时，研究金星的表面是否存在被分解成类似大陆的特征将显示它是否曾经有过板块构造。在地球上，板块构造在碳循环中起着重要的作用，有助于从大气中清除二氧化碳。因此，缺乏板块构造可以帮助解释为什么金星的大气中含有如此之多的二氧化碳（96.5%），而这最终导致了金星的温室效应失控。"

VERITAS只是拟议中探索金星的一系列任务之一。美国国家航空航天局"发现"计划中的另一项任务是"DAVINCI+"（研究金星深层大气中的稀有气体、化学成分和气体成像）。如果这项任务付诸实施的话，将让一个探测器穿过金星大气层直到金星地表，并在下降的过程中对周围气体的化学成分进行高保真度的测量，从而获取有关金星大气层起源和演变的信息，并帮助回答"为什么金星与地球的大气层的组成如此不同"这个问题。"DAVINCI+"号在2015年输给了另外两个项目——Psyche和Lucy的提案，但在2019年7月又被重新提交审议。

同时，拟议中的美国国家航空航天局另一个与"发现"计划无关的项目是LLISSE。该项目始于2017年，专注开发能够在金星表面工作数天的小型登陆器和仪器。在之前的金星探测行动中，登陆器和仪器往往只能工作几分钟。

美国国家航空航天局行星科学部主任洛里·格雷兹（Lori Glaze）博士说："这样的功能将使我们能够了解金星环

境随着时间而变化的情况，从而在根本上改进我们对金星的认知，使我们对金星大气层中发生的动态过程有全新的认识。"建立行星科学部本身就是美国国家航空航天局支持LLISSE项目的一种努力。"这些信息对于了解金星上水的历史以及判断金星过去是否有过宜居时期至关重要。但这需要能够承受超过470℃高温的电子设备。"

在470℃的高温下，标准的硅电子产品会迅速崩溃，因此LLISSE将使用最先进的碳化硅半导体。目标是在金星表面进行探测，以收集有关金星气候的数据，那将是太空探索的突破性时刻。

图中显示的金星具有太阳系所有行星中最热的星球表面

展望未来

截至2020年1月，上述的这些项目都还没有最后确定。所有在2019年美国国家航空航天局"发现"计划中拟议的太阳系项目中，有5个项目将进入下一步的开发阶段，最终会有1个项目的探测器于2021年发射到太空。与此同时，LLISSE也有望在2023年准备完毕，并发射送往金星。

欧洲航天局也希望使用雷达研究金星的表面。EnVision探测器将花费4年的时间围绕金星旋转，观察其间发生了多少次火山活动，以及地表是否在移动，并且还要探测金星的内部结构。所有的这些观测将有助于更详细地描述金星与地球之间的差异和相似之处。盖尔说："将金星与地球进行真正的比较，真的非常令人兴奋。"他指的是来自金星的数据将具有与我们已经拥有的地球地质数据一样的分辨率这一事实。

EnVision的部分任务包括找到苏联曾经发射的几个金星着陆器,那些着陆器曾将金星的地表图像发送回地球。盖尔说:"我们想'在它们坠落在金星表面上之后'确定它们的位置,然后对其附近的环境成像以便更好地理解之前获得的那些图像。"这会使研究人员能够将着陆器分析过的金星岩石的化学成分与金星上的某个特定区域联系起来。

EnVision目前正处于研究的第一阶段,这一阶段的工作于2021年的春季结束。如果选择执行这一项目的话,它将在2032年发射,经过5个月的航行后到达金星。但是美国国家航空航天局和欧洲航天局并不是唯一关注金星的太空机构。俄罗斯希望继续使用金星-D探测器进行金星探索,那是一项拟议中的项目,该探测器包括了轨道器和着陆器。印度空间研究组织也在计划发射一个名为"舒克拉雅1号"的金星探测器。

所有这些项目都有望帮助我们回答"金星的环境为何会与地球如此不同"这样的问题。同时,他们也关注到一个更大的问题:宇宙中是否还有其他生命存在?一旦我们对星球变得宜居过程有了更多的了解,系外行星探索者们将能更好地在其他星球上寻找生命的迹象。

波多黎各阿雷西博分校行星宜居性实验室主任埃布尔·门德斯(Abel Méndez)教授说道:"我们需要了解在金星上发生了什么,以及这样的情况有多普遍,据此来估计宇宙中有多少潜在可居住的行星。"随着天文学家提升其探测和测量系外行星大气层的能力,我们将会获取更多的线索。门德斯说:"我们现在无法从地球上确切地知道金星上的一切。"两颗行星之间的根本区别是金星上令人窒息的超厚大气层。他补充道："这样的'厚度'是我们现在对于所有地球大小的星球还无法测量的东西，但是我们正在接近解决这一问题的终点。"

一旦天文学家们获得了有关系外行星大气的更多信息，他们便可以将那些信息与行星到其宿主恒星的距离测量结果结合起来，以便更好地预测它们是否适合人类居住。因为，正如地球和金星所呈现的环境那样，距离并不是一切。门德斯说道："如果地球具有像金星那样的大气层，对于生命来说实在是过于热了。"

关于宇宙中还有多少"金星"，以及为什么两个如此接近的行星会有如此巨大的差别等问题，我们可能还需要一段时间才能得出确切的答案，但是全世界的天文学家们的目光似乎最近都转向了我们这个最近的邻居。有时，事实会证明最有趣的事情就发生在我们的眼皮底下。

作者：阿比盖尔·贝尔（科学记者，住在英国利兹）

图中是欧洲航天局探索太阳外第二颗行星首次行动的"金星快车"号探测器

欧洲航天局的火星漫游车已整装待发

在执行于红色星球上搜寻生命的任务之前，欧洲航天局的ExoMars火星探测器被送往意大利都灵接受全方位测试。

任务数据

发射日期：2022年8—10月

发射场：哈萨克斯坦拜科努尔人造卫星发射基地，使用俄罗斯Proton-M型火箭

着陆日期：未定

着陆地点：火星的奥克夏高原

任务持续时间：在火星表面运行7个月

任务目标：探索一个曾经充满水并且可能存在原始生命的古老环境

马沃斯山谷

奥克夏高原

Equator

着陆地点

    首选的着陆地点奥克夏高原，含有丰富的由岩石和水长时间相互作用后产生的黏土和矿物质，使其成为在沉积物中寻找生命活动痕迹的理想场所。

❶ 都灵的航空物流技术工程公司（ALTEC）拥有一个带井的平台，操作人员可以使用这个平台测试ExoMars的钻井设备。ExoMars将钻入火星地下两米深处，对火星土壤进行采样和分析，并寻找埋藏在地下的过去的（甚至可能是现在的）生命的证据。

❷ 航空物流技术工程公司还拥有一个模拟火星堆场，里面堆满了140吨岩石和土壤，专为模仿这个红色星球的地表而设计。这将使科学家们可以在发射前进行各种场景的预演。

3 这里将建造负责携载ExoMars从地球到火星的欧洲航天局运载火箭模块。在飞行途中，它还将提供地球与航天器间的通信连接。

4 安装在ExoMars顶部的两个摄像头可以使其以3D的模式"看到"车外的景象。ExoMars将使用相机分析前方的斜坡和岩石，以确保其不会在行驶途中被卡住。

5 对ExoMars上的所有组件进行消毒后，再将它们在专用的洁净室中组装起来。这样可以确保地球上的污垢或微生物不会对火星上的任何生命迹象造成污染。

6 ExoMars计划于2022年发射，然后将展开8个月的星际巡航，最后降落在火星表面。

作者：贾森·古德耶

注视着天空的眼睛

地球上安装的望远镜正在改变我们对宇宙
的认知，但我们认为它们能看到的远不止是我
们这个世界的表象……

窥视过去

阿塔卡马大型毫米/亚毫米波阵（Atacama Large Millimeter /Submillimeter Array，ALMA）

智利，查南托高原，阿塔卡马沙漠

智利的阿塔卡马沙漠是天文学家的天堂。得益于其海拔高、夜晚寒冷、降水少和无污染等因素，它拥有地球上最清晰的夜空。因此，一个由16个国家和地区组成的天文研究组织欧南台（European Southern Observatory，ESO）与智利合作在沙漠中建立了功能强大的地面望远镜，其中包括阿塔卡马大型毫米/亚毫米波阵。这架高科技望远镜从2011年开始观测太空，由66台精密天线组成，它们可以按照不同的方式排列以提供可变的焦距，能捕获比哈勃太空望远镜更清晰的细节。ALMA可以分析毫米波段的电磁波，这些电磁波来自宇宙中存在的最冷的物体，其温度稍高于绝对零度。这些物体包括分子气体和尘埃云，它们是星系、恒星和行星的组成成分。通过研究宇宙中的这些区域，科学家将能够解读行星形成的奥秘以及我们宇宙的起源。

图中看到的激光充当着人造"导星"，它使望远镜能够排除地球大气中的湍流干扰，以获得更清晰的图像

解读宇宙

甚大望远镜（Very Large Telescope，VLT）

智利，塞罗帕瑞纳，阿塔卡马沙漠

在阿塔卡马沙漠另一端约500千米外的塞罗帕瑞纳有一台甚大望远镜。它由4个"单位望远镜"组成，每个都以马普切语（智利中南部的土著居民所使用的语言）中的天体命名，并由4个可移动的"辅助望远镜"进行辅助。其中1个单位望远镜就能看到比人眼可见的物体暗40亿倍的天体。也可以让这些望远镜一起工作，形成一个巨大的"干涉仪"。与单独使用每个望远镜相比，天文学家可以使用干涉仪观测到更加精细的细节。

甚大望远镜于1998年开始试观测，从此改变了我们对宇宙的理解，促使平均每天都会产生多于一篇的同行评审论文。甚大望远镜最具标志性的工作包括通过跟踪一颗恒星穿过银河系超大质量黑洞周围引力场来检验爱因斯坦的广义相对论；科学家还用它计算了NGC 6397团簇中古代恒星的年龄，并分析了一个系外"超级地球"的大气成分，从而帮助科学家进一步了解太阳系以外的世界；甚大望远镜甚至能够检测到距离我们约110亿光年的星系中的一氧化碳分子。

500米口径球面射电望远镜是世界上最大的单碟射电望远镜

多么大的一个天线啊！

500米口径球面射电望远镜（Five - hundred - meter Aperture Spherical radio Telescope，FAST）

中国，贵州省，平塘县

在世界的另一端，中国贵州省的平塘县，有着我们上文提到的最新的射电望远镜，即500米口径球面射电望远镜。这款射电望远镜于2020年1月开始正式运行，这个口径为500米的巨大天线由4450个三角形的金属面板组成，经调整可以对准天空的不同区域。碟形天线将把入射的无线电波聚焦到接收天线上去。

它于2019年秋季首次向天文学家开放，旨在搜索宇宙中的脉冲星、快速射电暴（Fast Radio Burst，FRB）和可能存在的地外生命。脉冲星最初是在20世纪60年代由乔斯

林·贝尔·伯内尔（Jocelyn Bell Burnell）和安东尼·休伊什（Antony Hewish）发现的，最初被称为LGM，意为"小绿人"，后来它们被识别为高度磁化、快速旋转的中子星，这些天体只能由射电望远镜探测到。 快速射电暴则是在2007年被发现的，它们是遍布整个宇宙的短暂且充满活力的射电爆发，但其发生的确切原因尚未确定。

　　作者：艾丽斯·利普斯科姆·索斯维尔（BBC《聚焦》和《聚焦合集》的执行编辑）

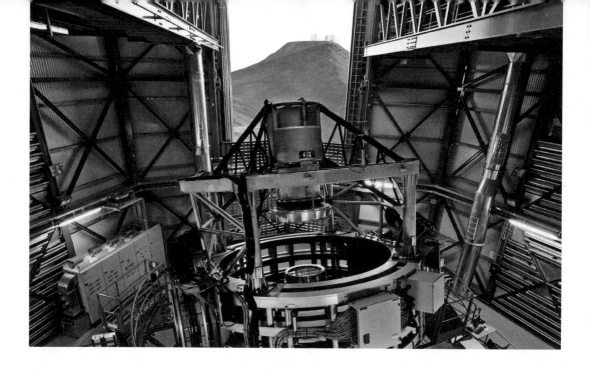

使看不见的东西可见

可见光及红外巡天望远镜（Visible and Infrared Survey Telescope for Astronomy，VISTA）

智利，塞罗帕瑞纳，阿塔卡马沙漠

自2009年，与甚大望远镜位于同一地点的可见光及红外巡天望远镜投入了使用。可见光及红外巡天望远镜也由欧南台所拥有，配备了灵敏的近红外摄像机，使其可以看到人眼看不见的东西。这意味着它可以寻找可见光非常微弱的诸如褐矮星之类的亚恒星，以及类星体和其他星系之类的遥远物体。而且它还可以透过遮盖了大片宇宙的尘埃云进行窥视，使它可以看见银河系中心的许多单个恒星。这将使科学家能够更详细地绘制我们所在的银河系的图景。迄今为止，可见光及红外巡天望远镜拍摄了许多令人惊叹的图像，包括火焰星云、猎户星云和礁湖星云等壮丽景色，它们都离我们有数千光年之遥。

具有挑战性的收集行动

太空岩石

这是自20世纪70年代美国国家航空航天局的最后一次阿波罗行动以来，将最大量的太空尘埃带回地球的一项开创性技术。

奥西里斯王号（OSIRIS-Rex）和隼鸟2号（Hayabusa 2），这两个航天器分别由美国国家航空航天局和日本宇宙航空研究开发机构运营，围绕着各自的目标小行星飞行。我们希望这两个航天器的探测行动能让我们对太阳系的起源，以及小行星在与地球碰撞的过程中是如何偏转的，甚至类似地球生命的分子起源方面获得更多的了解。

美国国家航空航天局的奥西里斯王号和日本宇宙航空研究开发机构的隼鸟2号进行的都是采集太空样品的行动。在行动中，探测器不仅会轻柔地接触小行星的表面，还将采集一定量的古老岩石样本，然后将那些样本安全地带给在地球上急切等待的科学家们。这种在深空中采样返回的行动极其复杂，这两个探测器都是工程学上的奇迹。日本的隼鸟2号是其早先的小行星探测器隼鸟号的后继探测器，隼鸟号在2010年从小行星"丝川"上带回了少量样本。尽管在这次行动中出现了不少故障，但隼鸟号还是取得了一系列的成就，包括成为第一个在小行星上着陆和起飞，以及第一个将小行星样本带回地球的航天器。隼鸟2号使用的是与其前身相同的航天器基本结构，但是增加了更多的备用系统以提高其可靠性，由于其采用了某些先进技术，现在已经完成了预定任务，顺利返回地球。除了对通信天线和制导系统进行升级外，隼鸟2号的离子引擎的功率也比其前身强了25%，探测器还能够自主控制向远处的小行星表面下降。隼鸟2号本身就像一艘母舰，在进行采样之前，先将一个小型着陆器和3辆漫游车部署在小行星的表面，并前行到不同的位置进行近距离的观察。

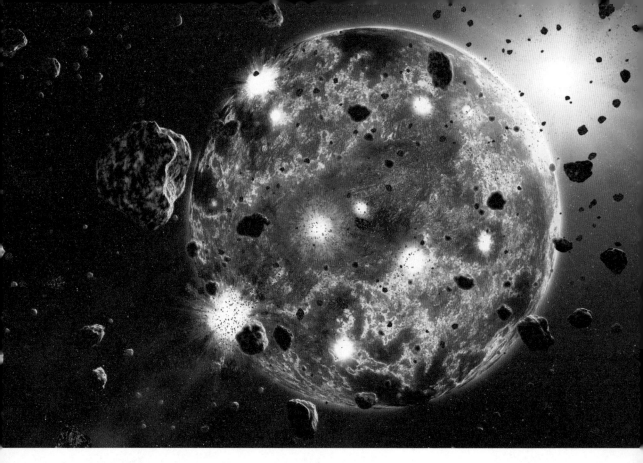

小行星是太阳系形成时留下的"时间胶囊"

"人们认为这类岩石向原始的地球输送了大量的水分与原始的化学物质。"

而美国国家航空航天局的奥西里斯王号进行的是美国首次小行星样本采集行动。奥西里斯王号航天器的大小大约是隼鸟2号的两倍，它没有使用离子推进器，而是使用了标准火箭推进器加速，沿其轨迹着陆到正在轨道上飞行的目标小行星。这两项行动都完成了对目标小行星的勘察，包括测绘行星表面和使用光谱学分析远程探测小行星上的矿物。科学家们能够利用这些结果来确定隼鸟2号和奥西里斯王号在小行星上着陆以及采集样本的最佳位置。

时间胶囊

　　小行星对科学研究很重要，因为它们代表了行星形成时遗留下的原始物质。它们就像是地球形成之前的时间胶囊，含有自太阳系产生以来就一直被保存下来的原始物质。通过对它们的近距离研究，科学家们希望能够回答一些有关太阳系形成和演化的基本问题。具体来说，它将使我们能够观察形成岩石行星的物质，从而有助于我们理解像地球这样的行星是如何诞生的。

　　更令人兴奋的是，奥西里斯王号和隼鸟2号的目标小行星都是碳质小行星。这类太空岩石含有大量的碳化合物以及含水的矿物质，人们认为这类岩石向原始的地球输送了大量的水分与原始的化学物质（如氨基酸），从

来自隼鸟2号的龙宫小行星的最新图像

第一次隼鸟航天行动返回地球时收取样本

而充满了我们的海洋。正如隼鸟2号的负责人津田雄一博士所说："我们选择目标小行星的主要原因是它是C型（富含碳的）小行星。望远镜的观测表明，它应该含有大量的碳以及与水有关的矿物质，因此可以为我们提供有关地球如何产生生命的重要线索。我们之前从未对这种类型的小行星探索或采样过，因此这样的行动真的很令人兴奋。"

有机化学是构成地球上所有生命的基础：生物细胞由某些分子组成，这些分子结合在一起形成长链，例如构成我们蛋白质的氨基酸，组成DNA和RNA的核苷酸碱基，以及构成细胞外膜的磷脂。我们知道，许多化学构造模块是在宇宙中形成的，即所谓的"天体化学"，它是在漂浮于太空中的冰冷气体云，以及处于衰老状态的恒星周围的较暖区域中形成的。当这种物质在引力作用下随着新的太阳系形成而聚集在一起的时候，有机分子就加入了小行星和彗星。因此，尽管小行星没有向年轻的行星输送完整的细胞，但它们可能为生命的起源提供了许多构建模块，而在这些小行星上发现有机分子将为这一想法提供支持。

先前已在降落到地球上的陨石中发现了诸如氨基酸之类的有机分子，而现在的这些采集行动将使科学家们首次能够直接从小行星上收集到含碳物质。尽管陨石自然地为我们提供了原始宇宙的岩石样本，但它们一经着陆，就很容易受到地球环境的污染。因此，采集地外样品的行动对于研究人员很重要，从源头收集样本并通过"机器人快递员"将它们送回地球。萨拉·鲁塞尔（Sara Russell）教授是英国自然历史博物馆的一名行星科学家，她将对奥西里斯王号送回的样本进行了一些初步研究。她解释说："我一生从

隼鸟2号和奥西里斯王号的运作时间表

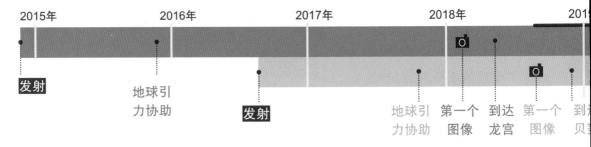

事的都是对陨石的研究，但我们从未真正确定过那来自哪种小行星，或者它们来自太阳系的哪个地方。奥西里斯王号的行动就像在一次盛大的实地考察中来挑选我们自己的样本。当它在2023年返回地球时，它将使天文学家的梦想成真！"

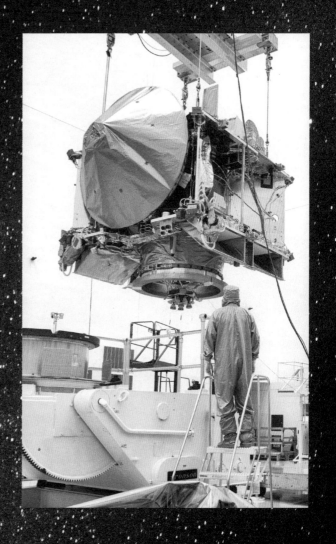

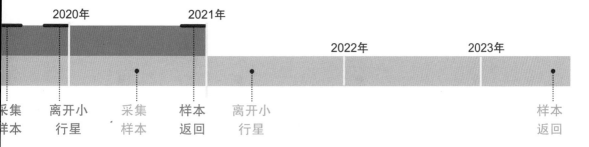

隼鸟2号

发射重量：600千克

尺寸：1米×1.6米×1.3米

目标小行星：162173 龙宫

发射时间：2014年12月3日，日本种子岛太空中心

样本采集量：最多300毫克

样本返回时间：2020年12月

能源：2个太阳能电池板阵列，产生的功率在1.4千瓦至2.6千瓦之间

推进器：4台离子发动机和12台火箭发动机

燃料：氙气和肼

预计费用：164亿日元（约合1.57亿美元）

隼鸟2号是如何收集样本的

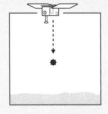

❶ 探测器接近小行星龙宫，在距小行星表面500米的高度部署了一个撞击器。在爆炸之后，撞击器向小行星表面发射了一颗2.5千克的铜弹，炸开了一个2米宽的陨石坑

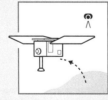

❷ 爆炸前，探测器将照相机部署在太空中以观察爆炸，并在爆炸时躲避到小行星的另外一侧以保护自己

❸ 一旦环境安全了，隼鸟2号便返回弹坑现场，并借助自己的火箭推进器下降，直到它的可伸展的"采样罩"能够接触到小行星的表面

❹ 然后，采样罩发射出一个金属弹丸，将撞击后产生的碎屑收集到样品回收舱中

❺ 回收舱离开隼鸟2号返回地球，打开降落伞后落到澳大利亚南部沙漠地带的武麦拉火箭试验场。隼鸟2号探测器进入绕太阳飞行的轨道

奥西里斯王号

发射重量：2110千克

尺寸：2.43米×2.43米×3.15米

目标小行星：101955贝努

发射时间：2016年9月8日，美国佛罗里达州卡纳维拉尔角空军基地

样本采集量：60克至2千克

样本返回时间：2023年9月

能源：2个太阳能电池板，产生的功率在1.2千瓦至3千瓦之间

推进：28台火箭发动机

燃料：肼

预计费用：8亿美元

奥西里斯王号是如何收集样本的

 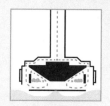 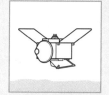  

❶ 探测器接近小行星贝努的表面，使用一对专门设计的低推力火箭发动机将其精确地定位在小行星的上方（不着陆）

❷ 奥西里斯王号用3米长的机械臂短暂地接触小行星，使用氮气将松动的岩石和灰尘吹到臂末端的采集头中

❸ 然后将采集头装入返回舱中，准备返回地球

❹ 当奥西里斯王号接近地球时，释放出返回舱并采取规避动作不与之碰撞，然后进入环绕太阳飞行的轨道

❺ 返回舱打开降落伞后，带着样本掉落到美国犹他州的沙漠之中

美国国家航空航天局和日本宇宙航空研究开发机构之所以选择这两个小行星作为目标，是因为它们能为研究人员提供最原始的碳质材料；然而他们还需要小行星大小合适（有足够的引力能使探测器进入轨道），旋转得不太快（以便探测器可以安全地"降落"），并且飞行在探测器实际可以到达的近地轨道上。"满足所有这些条件的小行星实际上很少见。"负责隼鸟2号离子引擎研发的国中仁史教授说道。美国国家航空航天局的奥西里斯王号正在绕行小行星101955贝努飞行，而日本宇宙航空研究开发机构的科学家们则选择了小行星162173龙宫作为行动目标。美国国家航空航天局将以一种蔚为壮观的方式来采集他们的样本。

奥西里斯王号会自行朝着小行星的表面慢慢地下降，但不会实际着陆，然后将自己的太阳能电池板向上折叠收起以保护它们。在完成这些动作之后，它将伸出机械臂，并在臂首喷出一股剧烈的氮气，将小行星表面的颗粒吹入它的采集头中。仅5秒钟后，将关闭样品采集器，奥西里斯王号将开始自行从小行星表面回撤。采集到的重量在60克至2千克之间的样本，将被封入返回舱并被发射回地球，它将在进入地球后打开降落伞，降落到美国犹他州的地面上以备拾取。

而隼鸟2号在2019年采集样本时就更具创新性了。它搭载了一种被称为小型携带式撞击器（SCI）的装置，那个装置由一颗2.5千克的铜弹和一包可塑炸药组成。这包炸药爆炸后产生的力量会将铜弹撞击器以每小时7000千米的速度发射到龙宫的表面，撞出一个环形坑，爆炸时隼鸟2号则在小行星的另一侧飞行，以保护自己免受飞弹碎片的碰击。探测器放置的相机将观测撞击的全过程，并将图像传输回隼鸟2号，然后探测器将回到撞击坑采集样本。通过这样的采集方式，隼鸟2号可以采集未受紫外线辐射和太阳风影响的物质，同时分析小行星的内部结构。

除了让我们了解地球的起源和生命存在的环境之外，这两个探测器还有另一个关键的目标：帮助防止灾难性的宇宙碰撞。当贝努和龙宫在靠近地球的太阳轨道上运行时，它们正是对我们星球构成潜在威胁的小行星。例如，贝努的轨道每6年就会使它接近地球一次。据计算，在2169年至2199年之间，它有1/1410的概率撞向地球。

　　奥西里斯王号将帮助我们了解像贝努这样的小行星的轨道将如何通过雅尔可夫斯基效应随时间而变化。这是一种微小的力，它是由小行星受太阳加热的表面发出的红外辐射引起的，在很长一段时间内，它可以显著地改变一个物体的轨道。奥西里斯王号正在研究这种效应及它对贝努将来撞击地球的可能性会产生多大的影响。这个探测器还对贝努的物理性质进行了测量。它是一个单一的星体，还是由多个巨石松散地抱在一起组成的？在确定最佳的小行星轨道偏转技术方案之前，我们需要先搞清这一点。

　　这些行动之大胆，视野之宽广，都是令人叹为观止的。从生命的起源到保护现在赖以生存的生命，这些探测器有望为我们在宇宙中的定位提供新的线索。

　　作者：刘易斯·达特尼尔教授（威斯敏斯特大学的天体生物学研究员，著有《起源：地球如何塑造我们》）

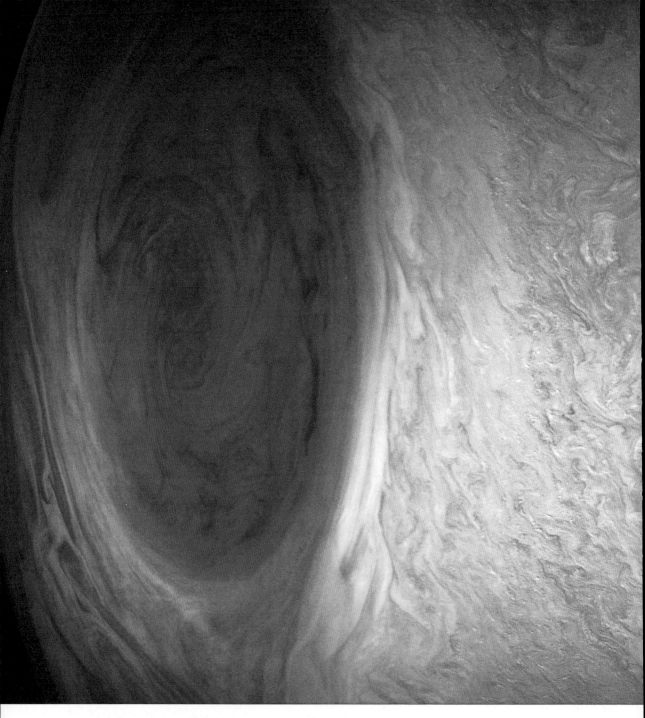

增强后的木星大红斑的彩色图像，这是至少自19世纪以来
一直在旋转的大风暴

一切归功于获得的图片

根据原计划，朱诺号本该在2018年7月结束其研究木星的行动。但是在2018年6月，美国国家航空航天局宣布探测行动将持续到2021年。下面，我们将回顾一些朱诺号传回的令人难忘的照片，这些照片改变了我们对这个太阳系中体积最大的行星的了解。

在罗马神话中，木星神朱庇特将自己裹在云层之中，从而没人能看见他那可笑的样子。只有他的妻子朱诺才能透过层层面纱看清他的真面目。同名的美国国家航空航天局探测器也将如此。整个太阳系形成的秘密就在木星包罗万象的云层之下，等着人们去发现。从科学的角度来看，相关理论是这样解释的，太阳系的形成是从巨大的气体和尘埃云（也称星云）的崩溃开始的，其中的大部分物质形成了太阳。像太阳一样，木星主要是由氢和氦组成的，因此它也必然是在早期形成的，并在我们的星球形成后捕获了大部分剩余的物质，但尚不清楚这一切是如何发生的。是先形成一个巨大的行星状核心并在引力作用下捕获所有的气体，还是在星云内部的一个不稳定的区域坍塌，从而触发了行星的形成条件？朱诺号探测器上的仪器所获取的数据经过处理后，将为研究人员提供有关土星的形成方式及早期太阳系的状况的线索。朱诺号还携带了一个名为"朱诺相机"的仪器，该仪器拍摄了大量的木星图像，民间所谓的大众科学家们可以对那些图像进行处理，然后将结果提交给美国国家航空航天局。那些结果也是令人惊叹不已的。

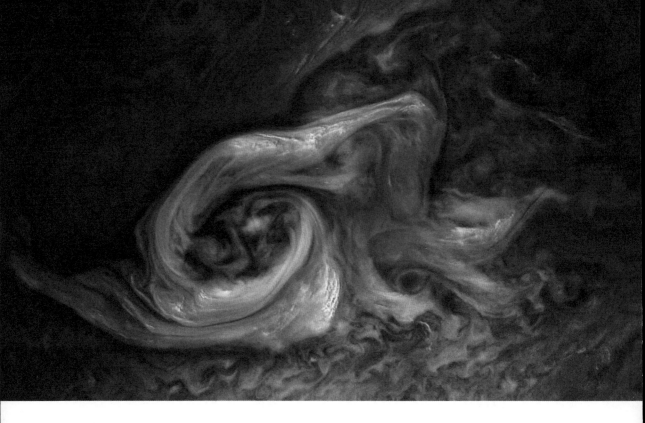

冰块云团

    木星北半球的这场风暴是2017年10月24日当朱诺号第9次近距离飞掠木星时拍摄到的。由朱诺相机仪器拍摄的图像，经由大众科学家格拉尔德·艾希施泰特（Gerald Eichstädt）和肖恩·多朗（Seán Doran）处理后，增强了色彩并得以在云层中展现更多细节。风暴逆时针旋转，较亮的云层处在大气层中较高的位置，所以获得了更多的光照，而较暗的云层则处在较深的位置，因此显得更暗淡。在这张图像中，阳光来自图像的左侧。明亮的云彩及其阴影的长度和宽度均为7千米至12千米。它们似乎与朱诺号探测器所观察到的其他的明亮云层相似，因此可能是具有高度反射性的，这是由于来自木星大气层深处的上升气流中所携带的氨冰晶向上扩散造成的。它们也可能与水的冰晶体混合。朱诺号是在距离木星10108千米的位置上拍摄这张照片的。

旋风

　　这是木星北极的红外波长景象。这张合成图像来自木星极光红外成像仪（Jovi-an Infrared Auroral Mapper，JIRAM）收集的数据。木星极光红外成像仪会检测木星大气中的温度，这些温度大致对应于云的特征深度。这张图像显示了木星北极的中央气旋和环绕它的8个气旋。每个气旋的宽度为2500～2900千米。颜色代表了温度：黄色代表大气层的更深部分，约为零下13℃；最暗的区域是较高的云层，为零下118℃。这两个区域都位于可见云层之下，因此，木星极光红外成像仪为科学家们提供了一种进入木星的途径。了解热量如何在木星大气中流动对理解其运行方式来说至关重要，这些信息也提供了有关其形成方式的线索。科学家正在研究的一个关键问题是，木星的中心是否具有岩石或金属的核心。

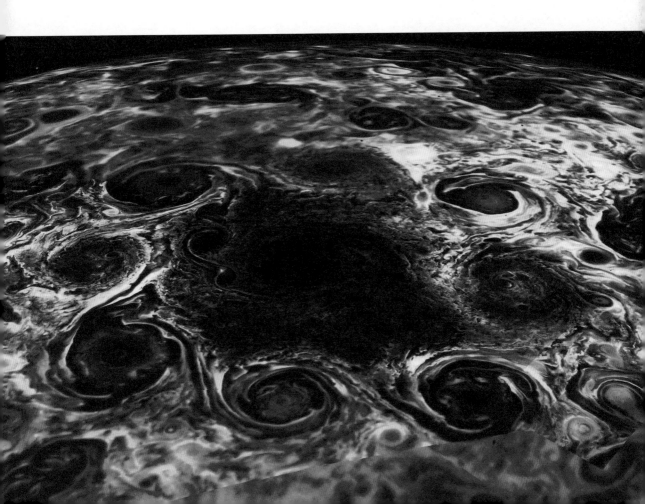

白天与黑夜

  2018年2月7日，朱
诺号第11次近距离飞经
木星。这张照片是当朱诺
号从木星的南极上空爬升时
回看庞大的气体世界时拍摄
的。这张特殊的照片是从距木星
120533千米的高度拍摄的，当时朱诺
号差不多位于木星南极的正上方。图像
中肉眼能见部分的彩色经过处理得到了增强。
将木星白天一侧与黑夜一侧分开的那条线被称为"明
暗界线"。为了在"微明区"中捕捉细节，当白天将变成夜晚，或夜
晚将变成白天时用朱诺号的相机拍摄了许多具有不同曝光时间的图像。较长曝光时间的
图像显示了模糊地带的细节，但木星的白天一侧会曝光过度。较短曝光时间的图像抓住
了明亮的半球，但在明暗界线附近显示出许多细节。大众科学家格拉尔德·艾希施泰特
（Gerald Eichst dt）用计算机处理后，将两个图像合并了起来。

许多风暴眼

　　尽管每当我们想到木星的巨大风暴时第一个想到的总是"大红斑"，但那只是在木星大气中肆虐的众多风暴之一。 这个图像中显示出了两个白色的风暴， 它是朱诺号在2017年10月24日第9次飞经木星的过程中由朱诺相机在33115千米的高空拍摄的，并由艾希施泰特和多朗（Seán Doran）进行了图像处理。处理后的图像比我们肉眼所能看见的更鲜艳，因为经过增强处理后，图像展现出了木星大气中的细节。 图像底部的风暴是木星"珍珠串"中的一部分。 "珍珠串"是一系列椭圆形的风暴，所有的风暴都是白色的，它们沿着南纬40度环绕着木星的南半球。 自1986年以来，这串风暴的数量从6个增加为9个。 目前，木星上仍有8个这样的风暴，都是以逆时针方向旋转的。 这些巨大的风暴是由木星内部产生的热量所驱动的。

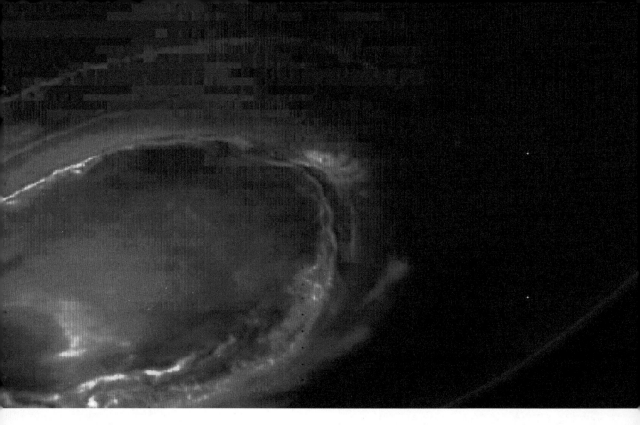

外星的极光

　　这张红外图像提供了人们从未见过的木星南极极光的景象。这张图像是用在探测器首次靠近木星后再从木星离开时，相隔几分钟拍摄的3幅图像拼接起来的。从地球上几乎看不到木星南极的极光，它是由朱诺号上的木星极光红外成像仪于2016年8月27日拍摄的。木星极光是椭圆形的光环，当来自太阳的粒子撞击木星大气中的分子并使它们发光时就会产生。木星极光之所以显现为椭圆形，是因为木星的磁场将太阳粒子拢成一个锥形漏斗，并将它们送入木星磁极周围的大气中。同样的情况也会在地球上发生，但由于木星的磁场是太阳系行星中最强的，比地球的磁场强2万倍，因此木星的极光也更强烈。这张图像由波长比可见光更长的电磁波组成，范围为3.3微米到3.6微米（1微米=0.001毫米），这个波长的电磁波是由木星大气层的氢原子失去一个电子后形成的活跃的氢离子发射的。

"朱诺"任务

2005年6月9日

美国国家航空航天局选择朱诺号执行新的太空探测任务。

2011年8月5日

格林尼治标准时间16:25，朱诺号装载在Atlas V火箭的顶部从美国卡纳维拉尔角空军基地发射升空。

2016年7月5日

朱诺号到达木星并进入极地轨道，运行高度从400万千米到800万千米不等。

2016年8月27日

朱诺号完成了第一次木星飞越。所有系统和仪器都运行良好。

2016年10月19日

朱诺号原计划进行一次发动机点火，以将其轨道运行时间从53天减少至14天。项目管理人员推迟了发动机点火，并最终由于一项故障而取消了这次点火。

2017年7月10日

在第7次近距离飞越期间，朱诺号越过了木星最著名的大气特征——大红斑。

2018年7月16日

朱诺号的原定任务基本完成，但航天器仍然运行良好，因此决定延长其使用寿命。

2021年7月30日

朱诺号将启动推进器以降低飞行轨道，最终将在木星的大气层中燃烧殆尽。

朱诺号木星探测器

1 朱诺相机

拍摄彩色图像

2 重力科学载荷

研究木星的引力场

3 太阳能电池板

3个这样的面板产生驱动飞船各部分运转的电力

4 木星高能粒子探测器

对空间中的高能粒子进行探测并观察它们与木星磁场之间的相互作用

5 木星极光分布实验

研究造成木星极光的粒子运动和机制

6 微波辐射计

用于测量木星不同云层的微波信号

7 电波天线

测量无线电波

8 磁强计

测量木星周围的磁场方向和强度

9 辐射防护仓

飞行器的系统包裹在钛合金的防护仓内，以免受木星周围高强度的辐射伤害

10 木星极光红外成像仪（在飞船下部）

用红外相机为极光成像，并测量木星上层气体的热量输出

身临其境

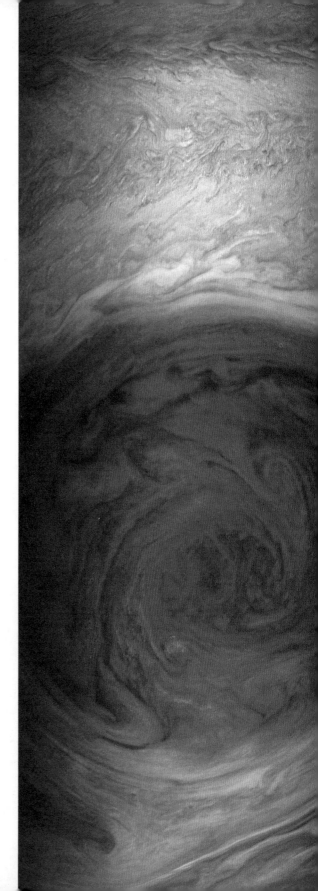

　　如果你想要列出太阳系的七大奇观，那么木星上的"大红斑"将会排在最前面。这个巨大的风暴系统比地球还大，并且以逆时针方向旋转，约6个地球日旋转一圈。尽管从17世纪60年代开始就有报道说在木星上有一个大的环形风暴，但那可能不是我们今天所看到的那一个。从1713年至1831年之间的记录不清，这可能表明原始的风暴已经消散，而我们今天所看到的"大红色斑点"是在19世纪才形成的。这张图像是在真实数据的基础上进行的一次艺术绘制。大众科学家艾希施泰特使用来自朱诺相机的数据生成了这幅图像，并增强了色彩，让人眼能够看到风暴的细节。原始照片是2017年7月10日朱诺号第7次近距离飞经木星时拍摄的。当时，朱诺号位于木星云层上方约1万千米处。

　　作者：斯图尔特·克拉克博士（天文学记者，天体物理学博士学位）

　　图片由美国国家航空航天局/喷气推进实验室提供

冥王星与飞越冥王星之后的世界

在对冥王星进行了具有里程碑意义的探测后，"新视野"号探测器继续改变着我们对太阳系外部世界的看法。

这是到目前为止人类所能提供的近距离观察冥王星时得到的最佳画面

2006年1月19日，一个探测器在美国卡纳维拉尔角上空飞过蓝天直入云霄。当它到达太空时，它以每秒16千米的速度飞行，比当时所有曾经发射过的航天器都要快。这个探测器就是新视野号，它的目的地是冥王星。

科学家们花了数十年的时间和7亿美元的经费才完成了这项任务的准备工作，而新视野号还需要9年的时间才能最终到达目的地。在这段时间里，国际天文学联合会将冥王星从"行星"降级为了"矮行星"。

新视野号最终于2015年7月14日到达冥王星。飞越冥王星的时间仅有几个小时，但在那段时间里，飞船通过其摄像头、高能粒子频谱仪和尘埃计数器获取了6.45 GB冥王星及其卫星的科学数据。尽管将那样大小的文件下载到家用计算机仅需几分钟的时间，但要在冥王星和地球之间这个48亿千米的距离上传输则足足需要16个月。

在新视野号探测器发送其大量数据的同时，它继续向外飞入冥王星称其为家的太阳系区域——柯伊伯带（也称柯伊伯–埃奇沃思带）。

新视野号的首席研究员艾伦·斯特恩（Alan Stern）博士说："柯伊伯带是新视野号向外飞行时经过的第3个太阳系区域。"

那个环绕着我们太阳系的环带大约20天文单位到50天文单位远（1天文单位指的是地球与太阳之间的距离），其间充斥着被称为柯伊伯带天体（Kuiper Belt Object，KBO）的大型冰体。冥王星半径为1188千米，是最大的几个柯伊伯带天体，估计约有3.5万块太空岩石漂浮在该区，人们认为它们是行星形成后的剩余物质，代表了太阳系诞生的原始星云中最原始的样本。通过研究这些冰岩，行星科学家们希望对行星的发展环境能有更深入的了解。

"自发射'旅行者号'探测器以来，这是第一个穿过太阳系外围区域的人造探测器。"

在新视野号飞经柯伊伯带之前，我们只能在观察彗星时看到那些冰体，其中许多彗星被认为起源于柯伊伯带，受到撞击后向太阳系内飞行。然而彗星在太阳照射下变暖并发生了变化，新视野号第一次提供了在其原始环境中近距离观察这些冰体的机会，研究人员不会只对看到冥王星而感到满足。只需要轻推一下，就能将新视野号送往另一个目标，但首先研究团队需要找到那一个目标。美国国家航空航天局花费了数年的时间来研究新视野号飞行路线上的KBO，最后在2014年确定了小行星"天空"（以前被称为"终极之地"）作为新视野号飞经冥王星之后的下一个目标。

这是飞越海王星天体的航天器与"相连二体"的小行星"天空"接触时看到的景象，这是人造探测器造访过的最远的天体

有说服力的大量数据

根据我们对柯库伊伯带的长期观察可知，就其大小和颜色而言，小行星"天空"与冥王星相比更接近其他的KBO。飞越小行星"天空"能让人们更加清楚地看到柯伊伯带中的冰体是什么样的。

尽管瞄准超过66亿千米外的仅36千米长的目标存在着极大的难度，但新视野号在2019年元旦成功地飞越了小行星"天空"。获取从小行星"天空"上采集到的全部数据

冥王星的"辉煌之心"富含氮气、一氧化碳和甲烷冰。新视野号在这里拍摄到了冥王星的西半球图像

将持续到2021年，而且从收到的下载数据中已经取得了重大成果。小行星"天空"是所谓的"相连二体"，意为它是由两个粘在一起的独立主体组成的。人们认为，太阳系中的行星是从聚集在一起的小空间岩石不断增大成为星体的，因此小行星"天空"是验证这一形成原理的理想原本。

斯特恩说："关于太阳系中小型物体的形成有两种基本理论。一种理论认为，它们是由太阳系遥远地区的物体碰撞形成的；另一种理论认为，它们是在所谓的'云塌陷模型'中由仅在自身周围局部的物体形成的。我们可以确定本地云塌陷模型与小行星'天空'的地质情况相吻合，因此可以对两种关于行星如何形成的理论之间长期的科学争议下一个定论。"

除了发送采集到的数据之外，新视野号还有很多事情可以做。它可能还有机会再进行一次小行星飞越，而斯特恩的团队正在准备寻找更多的潜在目标。像上次一样，搜索将花费数年时间，至少要到2022年。然而这一次，飞行团队面临着非常紧迫的时间限制。

斯特恩说："柯伊伯带仅向外延伸有限的距离。到2027年或2028年时，我们将越过柯伊伯带。我们必须在那个日期到来之前找到并与一个物体相遇，否则我们将越过柯伊伯带，失去飞越一个小行星的可能。"

如果搜索没有结果，这个行动也仍然远未结束。自发射旅行者号探测器以来，这是第一个穿过太阳系外围区域的人造探测器。经过30年的技术进步与更新，新视野号可以寻找旅行者号之前无法企及的天体。

斯特恩说："我们已经看到了太阳系外部存在着巨大的氢气结构的证据。"这个证据是几十年前就预测到的，但直到新视野号升空后才得以观察到。"我们还观察到了拾取离子。这些来自星际空间的粒子已经成为太阳圈的一部分，而太阳圈是太阳所能支配或控制的太空区域。它们曾经在很多年前已经被预测到了，但是旅行者号却没有足够的光谱范围来发现它们。"

新视野号探测器还携带了有史以来第一个飞越了天王星轨道的尘埃计数器，这让新视野号研发团队能够绘制出柯伊伯带中的尘埃分布图。研究人员正在观察圆盘边缘尾部的粒子是逐渐减少的，还是突然间就减少的。

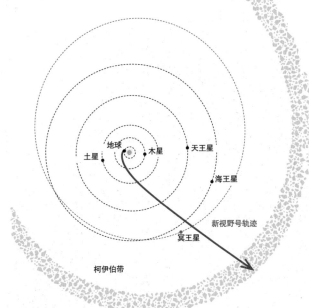

新视野号穿过太阳系进入柯伊伯带时的
轨迹俯视图

重大发现

新视野号任务彻底改变了我们对
太阳系外部冰体的理解

1. 木星上的闪电

   新视野号在前往冥王星的途中经过了木星，在木星的两极云层中观察到了闪电。

2. 柯伊伯带的物体是由附近的物质形成的

   对小行星"天空"的研究有助于科学家们确定行星是由它周围的物质形成的这个理论。

3. 核桃和煎饼

   小行星"天空"的形状怪异。一个瓣宽而扁平，像薄煎饼，而另一个瓣则呈圆形。

4. 冥王星处于活动状态

   地质学家们原本以为冥王星是一个在地质学意义上死亡的星球，但实际上它是非常活跃的。它的活动正填补着冥王星的陨石坑，使这颗矮行星有了一个年轻的光滑表面。

5. 冥王星之心

   冥王星的心形氮冰川斯普特尼克平原宽约1000千米，是太阳系中已知的最大冰川。

6. 蓝色的天空

   环绕在冥王星周围的是蓝色的薄雾，很可能是由其大气中的甲烷造成的。

7. 红色的"月亮"

   冥卫一是环绕着冥王星的最大卫星，它的表面覆盖着红色的物质，那是由从冥王星大气层逃逸的气体形成的。

8. 旋转的卫星（图中未出现）

   与太阳系中任何其他已知的卫星相比，冥王星的其他4个卫星（冥卫二、冥卫三、冥卫四、冥卫五）的自转速度更快。

9. 拾取离子（图中未出现）

   新视野号观察到在与星际空间中的粒子混合之后，太阳风的速度变慢了。

两个富含冰块的柯伊伯带物体碰撞后
充满碎屑的场景模拟图

　　科学界中有很多人热衷于使用探测器去观察那个很少有人能看到的区域。目前，这项研究还是有所限制的，因为斯特恩希望保留燃料，以备出现另一个可以飞越观察的目标。

　　斯特恩说："我经常称自己为'积攒燃油的总管'，因为飞船上只有那么多燃料。如果我们发现了一个可以飞越的目标，但由于将一部分燃料用于其他目的而无法到达那个目标的话，那对于科学研究来说将是一个悲剧。"如果没能找到第三个柯伊伯带的飞越目标而飞船仍然还有燃料的话，则可以将飞船的摄像机指向太阳系内部的方向，从外部太空观察行星、彗星和小行星的独特景象。到那时，新视野号将位于太阳系内部尘土飞扬的环境之外，因此可以将其仪器指向更为广阔的宇宙，充分利用在空无一物的太空中所特有的清晰视野来观察那些遥远的星体。

时间不多了

但是没有人能永远活着，探测器也是一样。新视野号的核动力源预计只能再使用20年。以大约5亿千米每年的速度行驶（大约是从地球到木星的距离），到那时它应该在100天文单位左右的距离，这意味着研究团队将致力于在飞船死亡之前研究最后一个区域——日球层的外围。旅行者号探测器发现日球层位于120天文单位左右的距离，因此新视野号不太可能到达日球层的最外沿，但它到达日球层是很有可能的。

斯特恩说："由于太阳的活动周期为11年，因此日球层和星际空间之间的边界会向内和向外移动。我们知道新视野号的精确位置，但我们不知道日球层确切的边界在哪里。如果日球层的距离更近一些，这样我们就会穿越它。如果距离更远，我们将耗尽能源。"

新视野号在余下的时间里到底会执行什么任务，目前尚不确定。但是很明显，由于飞船上仍剩有燃料，且电池还有20年的使用寿命，所以它的任务还远没有结束。

进入未知世界

旅行者号双子探测器
正在探索星际太空

在过去的40余年里，旅行者号双子探测器一直在我们的太阳系中飞行，将人类对宇宙的了解不断地向外太空扩展。这两个探测器是在1977年发射的，它们利用了带外行星（木星、土星、天王星和海王星）罕见地排列于同一轴线上的机会，于1979年飞越木星，然后在20世纪80年代初靠近了土星。旅行者1号改变了轨道，近距离观察了土星的光环，但这一摆动使它向北飞行，离开了众行星同轴的平面。旅行者2号则继续向外飞行，分别于1986年飞越天王星，1989年飞越海王星，这标志着旅行者2号太阳系行星探索行动的结束。

同时，这也标志着旅行者号下一阶段探索行动的开始，这是一项星际行动，目标是研究太阳系日球层的外围区域。自1972年以来就一直参与旅行者号行动的科学家埃德·斯通（Ed Stone）说："日球层是由太阳风产生的气泡。太阳风以大约400千米每秒的超音速从太阳向外传播，我们知道它必然会在某个时候与星际风相遇。"

要点速览

发射日期

旅行者1号：1977年9月5日

旅行者2号：1977年8月20日

截至2020年1月时的飞行距离

旅行者1号：22246465086千米

旅行者2号：18483483599千米

截至2020年1月时与太阳的距离

旅行者1号：22144959920千米

旅行者2号：18365602503千米

旅行者号任务的最终目标

旅行者号星际任务旨在将美国国家航空航天局对太阳系的探索扩展到太阳系外部范围的极限，甚至超出那个极限。

在完成了对木星和土星的探索行动之后，这两个旅行者号探测器相继进入了星际空间

暗淡蓝点

旅行者号拍摄的标志性图片

1990年时，旅行者1号距离地球64亿千米。在旅行者1号的相机上，地球的大小已经小于1个像素，很快就将彻底看不到它了。行星科学的斗士卡尔·萨根（Carl Sagan）建议旅行者1号为地球拍摄一张最后一刻的照片。

在1990年2月14日拍摄的那张照片上，我们的行星显示为相机内部光散射产生的橙色光束中心的一点。虽然那张照片对科学研究没有多少价值，但萨根本人在其1994年出版的《暗淡蓝点》一书中总结了它的真正价值。

"再看看那个点吧，那就是我们的家园，那就是我们。在它的上面，生活着你所爱的每一个人，你所认识的每一个人，你曾经听说过的每一个人，每一个度过他们生命的人……就在那颗悬浮在阳光下的尘土上……对我来说，它使我认识到我们有责任与人为善，保护并珍惜那个淡蓝色的圆点，这是我们所知的唯一家园。"

旅行者1号于2012年8月率先到达日球层的边缘，当时它距太阳1.5亿千米（大约是地球与太阳之间距离的120倍），探测器探测到来自其他恒星的粒子数量呈上升趋势。旅行者2号于2018年11月也到达了日球层的边缘，当时它到太阳的距离大致与旅行者1号先前的距离相同。

两个旅行者号现在正在进行人类首次就地考察太阳系以外的宇宙的任务，但在经历了40多年的行动之后，两个探测器正在承受着使用年限将至带来的压力。按照现代标准，它们携带的仪器都非常简单，只能对粒子能量以及磁场强度和方向进行基本的测量。更糟糕的是，旅行者号的核能发电机的能源即将耗尽，迫使研究团队不得不关闭仪器以节约能源。即便如此，他们预计这项任务最多还能再持续5到10年。

斯通说："从工程角度来看，这是任务的新阶段。我们必须在不是预先设计好的条件下操作探测器。我们正在竭尽所能，将我们的探测脚步尽可能远地扩展到星际空间中去，完成不了的事情可以留给未来的进一步行动。"

到目前为止，只有在2015年7月14日飞越冥王星的新视野号接过了那支接力棒。它正朝着日球层的边缘前进，但它自己的动力能源也可能很快就会用尽。尽管有一些创新的想法可以使新视野号的飞行距离比旅行者号们远上10倍，但是那些想法尚未被选用来建造新的探测器，并且可能永远不会被选用。旅行者号的团队并没有因他们的行动正在缓慢停止而哀叹，而是选择欢庆他们已经越过的坎坷。

斯通说："我认为这是一件非常令人兴奋的事情。它们是第一次摆脱了恒星泡的探测器，所以现在我们正在研究，在它们成为环绕银河系飞行数十亿年的沉默大使之前，我们还能在接下来的时间里干点什么。"

作者：伊丽莎白·皮尔逊博士（《ＢＢＣ仰望夜空》杂志的太空记者兼新闻编辑）

九号行星

　　在海王星以外的地方，还有一些较小的星球在和谐地运动着。天文学家们认为，它们可能正在与另一个潜伏在黑暗中的星球共舞，那个星球比地球大4倍，足以使它成为我们太阳系的第九颗行星。现在，天文学家们相信自己确切地知道该在哪里寻找它……

太阳系中5个已经确认的矮行星及其卫星。从左至右依次是：冥王星、阋神星、鸟神星、谷神星和妊神星

仰望夜空，找到著名的猎户腰带的那3颗星星，然后将它们之间的连线向上并向右延伸至金牛座。在两个星座的中间是一小片原本不太显眼的天空，然而那里很有可能会成为天文学历史上最著名的发现之一的所在地——第九颗围绕太阳公转的行星。并不是每天都能在太阳系中发现一颗新的行星。实际上，从某种角度来看，人类历史上只发生过两次，即发现天王星（1781年）和发现海王星（1846年）。自上古以来，所有其他行星都是广为人知的，从未被真正"发现"过。谷神星（曾被认为是太阳系中已知的最大的小行星）和冥王星等星球曾被视为行星俱乐部的一分子，但后来它们的行星成员资格被撤销了。威廉·赫舍尔（William Herschel）、于尔班·勒韦里耶（Urbain Le Verrier）、约翰·戈特弗里德·伽勒（Johann Gottfried Galle）和约翰·库奇·亚当斯（John Couch Adams）是少数几个发现过新的，现在仍被认为是行星的天文学家。

不过这份精英名单可能很快就会增加新成员了。美国加州理工学院的天文学家迈克·布朗（Mike Brown）和康斯坦丁·巴特金（Konstantin Batygin）是可能会加入这份名单的佼佼者。早在2016年，他们就曾提出了一个激进的观点，即围绕太阳公转的行星还没有被全部发现。他们注意到海王星以外的一些小星球在以一种神秘的方式运转着，并认为也许太阳系第九颗行星的存在可以解释它们的奇异运动。巴特金说："我们认为，可以用存在着另一个行星来解释太阳系外部世界的一些特征。"他们一直在天空中搜寻着那个星球，但到目前为止还没有发现它。现在，人们仍然将这个潜在的星球称为"九号行星"。如果能够发现它，那它将像其他行星一样以罗马或希腊的神灵命名。

远距离的恋爱关系

基于过去10多年的观测结果，天文学家已经假设了"九号行星"的存在。用于观察的那些望远镜足够大，足以窥视8个已知行星以外的阴暗环境。研究这个未被充分开发的荒野是一项真正的挑战。我们只能看到星球反射的光，对于那些越过了海王星的天体来说，光的传播必须经历一段漫长的路程。从太阳出发的光前行了45亿多千米，然后在一个物体的表面反射回来，一直返回到地球上，几乎就在起点处。光线在传播的路上一直在减弱，到达地球的时候已经非常微弱，需要巨大的望远镜才能把这些光线收集起来。海王星外天体2012 VP113有600千米宽，它距太阳的距离是太阳与地球之间距离的80倍，这意味着我们看到的从2012 VP113反射而来的光的亮度是普通太阳光的四千万分之一。尽管光以30万千米/秒的速度行进，但仍然需要将近一天的时间才能完成从太阳到2012 VP113再回到地球的整个旅程。

天文学家斯科特·谢泼德（Scott Sheppard）和查德·特鲁希略（Chad Trujillo）在

"我们认为，可以用存在着另一个行星来解释太阳系外部世界的一些特征。"

猎户座（黄色圆圈）与金牛座（白色圆圈）之间的天空是搜索太阳系第九颗行星的区域

2014年发现了2012 VP113，这是首次标志了存在着一颗尚未被发现的行星的可能性。他们是目前正在追寻第九颗行星的另一支队伍。对2012 VP113围绕太阳行进的路径进行的细致研究表明，它与另一个名为塞德娜的海王星外天体具有共同的轨道特征，它们接近太阳的角度非常相似。我们关于太阳系形成的最佳理论认为，对于每个物体来说，这种倾斜角度应该是随机的。因此，这两个天体倾斜角度非常相似的事实引起了人们的遐思。来自夏威夷双子座天文台的梅甘·施万布（Megan Schwamb）是多个海王星外天体的共同发现者，他说道："它们就像犯罪现场的指纹和碎玻璃一样，到底是谁干的？"一种解释是第九颗行星干的，它的引力正在拉动那些物体并安排了它们的轨道。要做到这一点，它的质量必须是地球的几倍。这并不是我们第一次通过这样的方法找到新的星球。发现天王星后，它的运行轨道的差异被归咎于另一颗行星的引力。果然，当天文学家们计算出那颗行星的位置时，他们发现了海王星。现在，包括布朗、巴特金、谢泼德和特鲁希略在内的天文学家团队正试图运用同样的方法来找到"九号行星"。

捉迷藏

到目前为止，这颗行星仍然顽固地存在于人们的视线之外，但是在搜寻工作中发现了不少支持它存在的证据。在搜寻太阳系外部天体的过程中，天文学家们发现了新的海王星外天体。我们现在知道，在比太阳离地球的距离远230倍的太空中，有14个天体聚在一起。其中包括一个名为"小妖精"的天体，这个天体是由包括谢泼德在内的一组天文学家发现后，于2018年10月公布的。它是一个宽300千米的海王星外天体，围绕着太阳在一个公转长达4万年的高度延伸的轨道上运行。我们发现拥有相同倾斜度的那样的天体越多，"九号行星"存在的可能性就越高。

然而，对这一现象还有其他的解释。最有说服力的解释是，那些类似的轨道只不过是观察上的偏差。人们认为，目前尚有数以百万计的海王星外天体尚未被发现，它们的轨道角度全都是随机的。这可能只是偶然的可能性，我们碰上了少数围绕着太阳共享相似路径的天体。如果这样的解释是真的，那么"九号行星"将只是我们想象出来的。但是布朗和巴特金在2019年1月发表了新的研究，试图根据最新的海王星外天体发现来量化这种偶然的概率，得出的答案是只有0.2%的可能。巴特金说道："这是我们最保守的估计。"他们声称，"九号行星"的存在是我们在外太阳系中所看到的现象的唯一解释。

艺术家想象中的"九号行星"图像

海王星以外的著名天体

塞德娜

塞德娜是迈克·布朗、查德·特鲁希略和戴维·拉比诺维茨（David Rabinowitz）于2003年被发现的，它的发现迫使天文学家们重新评估冥王星是否符合行星定义的天体之一。它围绕太阳公转一圈需要11400年，其平均速度为1千米每秒。塞德娜将在2075年至2076年间到达最接近太阳的区域，这将是11400年中仅有的一次机会，让人们能在最近的距离内观察这个以因纽特人大海女神名字命名的天体。

2012 VP113

这个天体通常被戏称为"拜登"，因为当在智利的塞罗·托洛洛美洲国家天文台发现它时美国的副总统是乔·拜登。它的宽度有600千米，天文学家认为，其表面的粉红色是天体表面的水或甲烷冰层在宇宙辐射下形成的。它不像塞德娜那样靠近太阳，但也不是很远。塞德娜和2012 VP113是最初提出"九号行星"理论的依据。

小妖精

之所以将其命名为小妖精，是因为它是在万圣节前夕被发现的，2015年10月13日在夏威夷的莫纳克亚山天文台首次观测到了它的存在。之后花了3年时间对它进行了足够详细的跟踪，才最终确定其轨道并向公众宣布这一发现。小妖精高度延伸的环日轨道，使它从大约是冥王星距离太阳2倍的距离一直运行到比冥王星距离太阳远30倍的距离。它的亮度与冥王星较小的一个卫星相仿。

远星（FarOut）

天文学家们喜欢让事情看上去尽可能简单，譬如将 2018年11月10日发现的天体称为"远星"那样。就像远星这个名字所表示的那样，在被发现时，它是在太阳系中所发现的最远的天体。不幸的是，那并没有成为它的正式名称，它的正式名称为2018 VG18。检索以前的照片可以看到远星在2015年和2017年就被拍摄到了。像VP113一样，它的表面是粉红色的。

甚远星（FarFarOut）

远星的太阳系最远天体记录并没能保持很久。 2019年2月，由谢泼德领导的团队宣布发现了更远的被称为"甚远星"的天体。它离太阳的距离是地球离太阳距离的140倍（即210亿千米）。发现这两个天体的时间还不长，因此仍在设法确定它们的轨道，并确定它们是否能支持"九号行星"存在的理论。

搜索天空

　　发现上述这些天体并不意味着发现新的行星是一件容易的事情。到目前为止，所有的搜索都未能发现那个星球。实际情况是世界上只有极少的几架望远镜能够看到它，因此一般的搜寻无济于事。你不仅需要一台大光圈的望远镜来收集微弱的光线，还需要配备一台有着宽阔视野的照相机。布朗在夏威夷使用8.2米口径的斯巴鲁望远镜来搜寻"九号行星"，而巴特金则忙着处理收集到的数据。布朗说："搜索的区域是800平方度的天空"，这大约等于3200个满月。视野狭窄的望远镜将花费很长时间才能覆盖这片广阔的天空。

　　这不是二维的天空区域，而是三维的。我们并不知道"九号行星"与太阳的确切距离。如果离太阳不远，它会更亮一些；如果在更远的地方，它就会更暗。当谈到能否取得更好的结果时，布朗说，他们已经覆盖了几乎所有"九号行星"可能隐藏的天空，但是仍然没有成功。他说道："这让我感到惊讶，因为那曾是对'九号行星'会存在的最合理的猜测。"

　　如果把巴特金最新的计算机模型模拟结果考虑进去的话，先前所有的发现都将在人们的意料之外。他说："在过去的18个月中，我们进行了数千次新的计算机模拟"，所有的模拟都是为了更好地推算出"九号行星"可能的位置。根据巴特金的说法，这些计算的结果表明"与我们最初的估计相比，'九号行星'的所有参数都应该小2倍"。现在人们认为，它的轨道周期是10000年而不是20000年。它的质量是地球质量的5倍，而不是10倍。尽管它更小，但它在较短的轨道上时，亮度将比2016年初估计的高出2.5倍。

"他们声称，'九号行星'的存在是我们在外太阳系中所看到的现象的唯一解释。"

迈克·布朗（左）和康斯坦丁·巴特金（右）正在天空中搜寻海王星以外、包括"九号行星"在内的天体

云层之上的望远镜:
夏威夷冒纳凯阿火山顶上的斯巴鲁望远镜被用
来搜寻"九号行星"可能藏身的天空。

"自然对你不承担任何义务。看看引力波吧,人们花了100年的时间才发现它们的存在。"

撒出的网正在收拢

尽管抱着很大的希望搜寻了整个区域，布朗怎么还是没能找到它呢？布朗说："我们不知道它的反照率，这是一个关键参数。"物体的反照率是其表面反射回太空的阳光量。"它可能是一个明亮的天体，但表面笼罩着厚厚的云层，或是一个被低反射率的物体覆盖着的黑暗冰球。"尚未发现这一事实表明很可能是后者。如果黯淡的表面使它变得幽暗，那找到"九号行星"将花费更多的时间。他说："我们的搜寻已经覆盖了那个范围内大约50%的天空。"

因此，撒出去的网正在收拢，但那是一个很费力的过程。布朗说："主要的困难是要继续维持许多年的紧张搜索。""九号行星"在猎户腰带和金牛座之间的预期位置既是福也是祸。猎户座是冬季天空的一部分，这意味着天文学家们只能在这个季节搜索它。在夏季，它是白天天空的一部分，因此无法搜索。从好的方面来说，冬夜更长一些，但不利的一面是近年来夏威夷冬季的天气令人恐惧。巴特金回忆起曾经有一次开车上火山顶上的观察站时的情景，当时高尔夫球大小的冰雹砸到了汽车顶上。在另一个场合，天气看起来很晴朗，但当布朗到达观察站时，发现通往望远镜的门被冻住了。布朗说："我们遇到了你可以想象到的各种各样的障碍。"其他的障碍包括火山喷发、地震和二氧化硫烟雾。他说："那是令人沮丧的。（我希望）能找到它，然后转向其他地方继续工作。"随着冬季即将过去，搜索工作将不得不等到地球转回到有利位置时再重新开始。巴特金很好地总结了这一点，他说："自然对你不承担任何义务。看看引力波吧，人们花了100年的时间才发现它们的存在。"如果当前的搜索失败了，还有用大口径全天巡视望远镜（Large Synoptic Survey Telescope，LSST）进行观察的希望。目前，正在智利建设的那台大口径全天巡视望远镜，它装备的 32亿像素的相机将能够一次拍摄49个满月大小的天空区域。它定于2022年开始运行。即便没能立即找到"九号行星"，也有望发现数百个新的海王星外天体。如果它们的轨道也都具有相当的相似性，那么将加强"九号行星"存在的依据，并向天文学家们指出可以找到它的具体位置。施万布认为，"九号行星"的假设是一个可以找到答案的问题。她说："这不会永远都是一个谜。"

　　一个更深层次的难题是，为什么"九号行星"会在那个地方。为什么一个质量比地球大5倍的行星会跑到离太阳比海王星远上20倍的地方？最有可能的解释是，它是在太阳系内部与其他8颗行星一起形成的，然后由于某些事情的发生而被推向太空深处去了。甚至在天文学家们发现"九号行星"的证据之前，对太阳系形成的计算机模拟就曾暗示存在着一颗失踪的行星。与只有4颗巨型行星的情况相比，从5颗巨型行星开始而形成的太阳系看上去更接近于今天的实际情况。唯一的麻烦是，没有其他任何证据表明这颗额外的星球曾经存在过。然而，如果当前的狂热活动证实了"九号行星"的存在，那它几乎肯定是那个失踪的星球。发现它的意义远不仅仅是找到清单上的另一颗星球，它可能是理解为什么我们的太阳系看起来会像今天这个样子的关键。

　　作者：柯林·斯图尔特（一名天文学作家）

注意查看探测器

无论是在深深的地下，还是在火山口上，粒子探测器都可以帮助科学家们揭开宇宙的神秘面纱。

淘金

法国—瑞士边境的地层深部中微子实验室

检测目标：中微子

这台中微子探测器有3层楼房大小，沐浴在黄色的灯光下，以避免过度刺激它的传感器。中微子的数量是极其庞大的，每秒钟会有数万亿个中微子穿过你的身体，但它们几乎不与物质相互作用，因此很难被发现。当中微子实验运行的时候，地层深部中微子实验室中充满了800吨液态氩。有时，中微子直接撞击了氩原子核，从而产生带电粒子运动的轨迹，然后由探测器周围的电线网格探测它的存在。探测器的原型机正在欧洲核子研究组织总部进行测试，而地层深部中微子实验将在位于美国南达科他州利德市废弃的霍姆斯特克金矿地下1500米的矿洞里进行。利用4个探测器，地层深部中微子实验将在芝加哥附近的费米国家加速器实验室拾取1300千米外的粒子加速器所产生的中微子。地层深部中微子实验室有望在2026年投入使用，它将发现中微子及其反物质对应物和反中微子在行为上的差异，这可能有助于解释为什么宇宙中的物质比反物质更多。

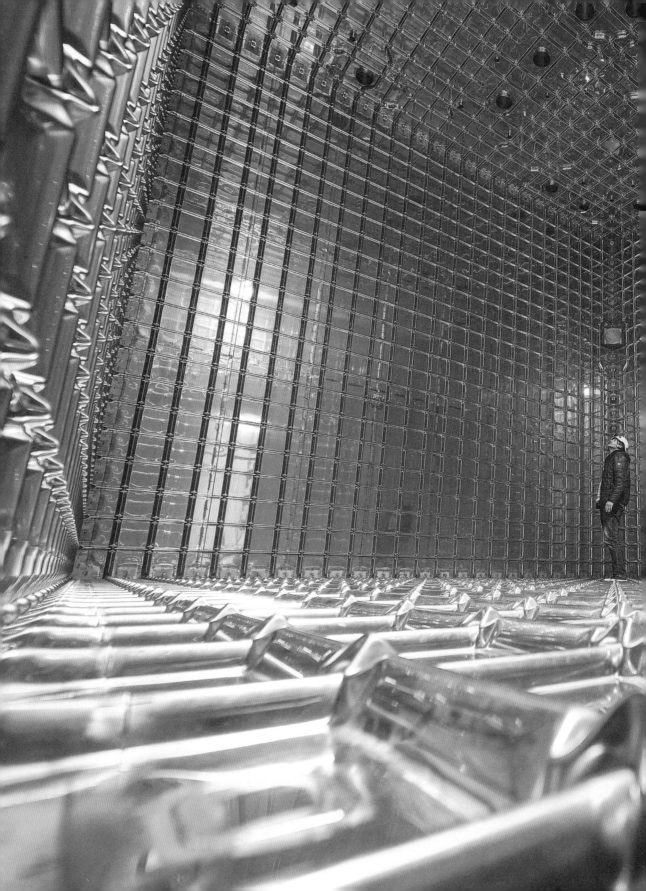

一大堆蓄水罐

高海拔水体切伦科夫天文台（High-Altitude Water Cherenkov observatory，HAWC），墨西哥

检测对象：伽马射线

在墨西哥的皮科·德·奥里扎巴火山的阴影下，这个由300个钢制蓄水罐组成的高海拔水体切伦科夫天文台正在寻找因太空中的灾难性事件产生的高能辐射而带来的伽马射线。当伽马射线照射到我们的大气中时，它们会产生快速移动的粒子簇，那些粒子会与水分子相互作用而产生"切伦科夫辐射"，成为一种怪异的可见光芒。每个7米宽的蓄水罐里都装满了水，再加上用于吸收辐射的探测器。高海拔水体切伦科夫天文台最近被用于研究约15000光年远的SS 433微类星体。SS 433由一个吞噬了一颗恒星的黑洞构成，它喷出的物质气流将产生伽马射线。

DEAP-3600
（利用氩脉冲形状
判别进行的暗物质
实验），加拿大
　　检测对象：暗
物质

更深更黑暗的秘密

　　DEAP-3600检测器中的这个像花一样的光电倍增管阵列，围绕着一个液态氩的
容器。指向中心的光电倍增管观察着进入检测器的暗物质粒子与氩原子核相互作用时
产生的微弱的闪光。通过测量作出的预测是，星系中所包含的物质远多于已经观察到
的物质，而暗物质的数量应是普通物质的5倍多。一种理论认为，暗物质是由"弱相
互作用大质量粒子（WIMP）"组成的，这也正是DEAP-3600所要寻找的。为了减少
干扰，探测器位于加拿大安大略省萨德伯里的一座废弃镍矿地下2000米处。 DEAP-
3600于2016年开始运行，现在刚开始对第一批收集到的数据进行分析。到目前为止，
尚未发现任何有价值的东西。

追波

　　这个由一个精密设计的系统悬挂起来的重达40千克的红色镜面，能够检测到比原子核更小的运动，从而显示出引力波。 激光干涉引力波观测台由相距3000千米的两个站点组成，每个站点有一对4千米长的灯管，激光在灯管中反复穿越，并在镜子中显示出光的运动。 2015年9月14日，激光干涉引力波观测台首次检测到了引力波，从而彻底改变了天文学研究的环境。爱因斯坦曾在1916年预测，宇宙中的碰撞（如合并黑洞）将引起时空结构中的这些振动。到目前为止，激光干涉引力波观测台已经发现了11个黑洞和数个中子星的合并。

激光干涉引力波观测台（Laser Interferometer Gravitational-wave Observatory，LIGO），美国

　　检测对象：引力波

灯光秀

超级神冈中微子探测实验，日本

检测对象：中微子

在日本池野山地下1000米处，有13000多个光探测管排列组成的超级神冈中微子探测器。宽40米的水箱可容纳5万吨的纯净水。当中微子与水分子碰撞时，它们会引发电子的快速移动，进而产生切伦科夫辐射，而这张照片中的光探测管就会检测到该辐射。超级神冈探测器已成为我们了解中微子奇特行为的关键场所。我们知道，太阳会产生大量的中微子，但是只有大约三分之一会被发现。超级神冈探测器与加拿大萨德伯里中微子观测站一同被用来证明中微子会经历一个被称为振荡的过程，它在飞行中会在3种不同类型之间转换，这就解释了为什么如此之多的中微子未被发现。与当时的预期相反，这表明中微子有大的质量，这使我们在对宇宙运行原理的理解上出现了空白。

观察弱相互作用大质量粒子

XENON1T探测器，意大利

检测对象：暗物质

在运行时，XENON1T 10米高的外部腔室中充满了水，这使实验的中心部分不受污染的颗粒和辐射的影响。在那个充满了水的腔室内部装有一个被称为低温恒温器的超低温冰箱，里面可以容纳3.5吨液态氙。在位于意大利地下的大萨索山实验室中进行的这个实验，目的是发现氙原子与假设的暗物质粒子之间可能会发生的碰撞。氙原子和暗物质粒子碰撞时，它们会产生微弱的闪光。2017年发布了XENON1T的第一批实验结果，在实验中并没有检测到大质量粒子的弱相互作用。研究人员正在建立实验的下一阶段——XENONnT，在那个阶段低温恒温器中将包含8吨氙气（观察到碰撞的概率更高），并且由于降低了背景辐射能量而使整个系统变得更加敏感。

作者：布莱恩·克莱格（科学作家，已撰写30多本书，最新著作为《科学的历史》）

追寻太阳系外的行星

在未来几年中，新一代的太空望远镜将寻找遥远的行星，以期解开宇宙的秘密。

1992年1月，两名射电天文学家宣布了一项新发现，那项发现永远地改变了我们对宇宙的看法。亚历山大·沃尔兹赞（Aleksander Wolszczan）一直在研究天空，主要研究一种被称为脉冲星的旋转恒星，但有一些东西阻碍了他的观察。出于好奇，沃尔兹赞最终发现了那个干扰的来源：两颗围绕恒星运行的行星。射电天文学家戴尔·弗莱（Dale Frail）对数据进行了验证，两人向世界宣布了令人震惊的消息：他们发现了有史以来第一颗未知的太阳系外行星，或称为"系外行星"。

长期以来一直存在着系外行星（围绕着另外的恒星而不是太阳运行的行星）的理

论，而现在有了系外行星存在的确凿证据。人类第一次可以确定我们生活于其中的太阳系并不孤单，宇宙中还有很多其他的行星系。自从有了这一发现，天文学家们一直在努力寻找更多的系外行星。美国国家航空航天局于2009年发射的开普勒太空望远镜已经确认了2300多颗系外行星，并且揭示出这样一个现象：就平均来说，每颗恒星都有一颗行星环绕着它。下次当你抬头仰望夜空时，请想象一下，对于你所看到的每颗恒星来说，环绕它的轨道上可能都有另一颗行星。

现在，新一代的系外行星搜寻行动已经在开普勒太空望远镜所取得的成就的基础上进入了后续调查阶段，以期获取更多的发现。那些发现可能会让我们改变对行星的形成方式，以及在宇宙的其他地方可能会如何产生生命的认知。也许最令人感到兴奋的是建立韦布空间望远镜（JWST）。这个太空望远镜将于2021年末发射升空，预计将带来许多新发现，包括找到更多的系外行星。许多人把韦布空间望远镜视为哈勃太空望远镜的后继者，尽管它的功率是哈勃太空望远镜的100倍。韦布空间望远镜不是绕着地球旋转，而是在距地球150万千米的轨道上绕着太阳公转。这将有助于JWST避开太阳、地球和月球发出的热量，让它处于 –225℃左右的低温状态。为什么要这样做呢？这是因为温暖的物体会发出红外线，而红外探测将是韦布空间望远镜观测宇宙的主要手段。

韦布空间望远镜的目标之一是观察年轻恒星周围形成的年轻行星。当太空中的气体和尘埃云开始聚集成团时，恒星开始形成，聚团变得如此之大，以至于它们最终在自身的引力作用下坍塌。剩下的是一个年轻的原始恒星，周围环绕着旋转的尘埃盘。像我们的太阳系一样，那些尘埃可能会形成围绕中心恒星运行的行星系统。那些正在形成的行星被尘埃所遮盖，无法用可见光的方法看到它们。但是红外线可以透过尘埃进行窥视，以前所未有的方式观察正在运转的行星的形成。

韦布空间望远镜的项目科学家之一简·里格比（Jane Rigby）博士说："我们之所以制造太空望远镜，是因为它们可以拍摄更加清晰的照片。地球的大气层会扭曲我们想要看到的东西，如果我们想研究红外线中的更多颜色，那么我们就必须进入太空，因为红外线是无法不受干扰穿透地球大气层的。"真正令人兴奋的是韦布空间望远镜能够分解星光，这项技术被称为"光谱学"。通过分解穿过系外行星大气层的星光，科学家可以分析系外行星隐蔽的化学特征，并了解那颗系外行星的性质，例如其中是否含有大量水蒸气或其他化学物质，也有可能会揭示正在其星球表面上发生变化的某些信息。

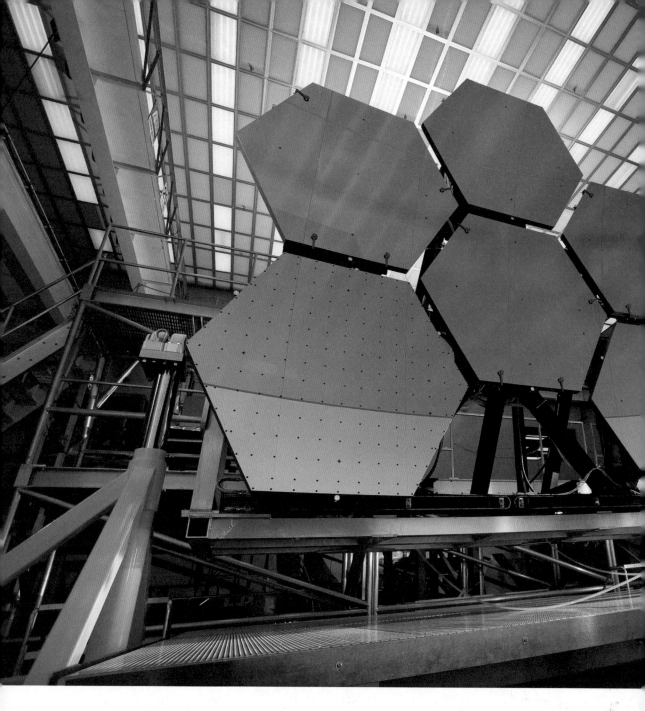

"通过分解穿过系外行星大气层的星光，科学家可以分析系外行星隐蔽的化学特征。"

工程师们正在安装韦布空间望远镜上的镜子

里格比说："对于围绕其他恒星的像木星和土星那样大小的气态巨星来说，我们可以通过观察乙烷来确认其大气层是多云还是晴朗。这是我们第一次详细了解系外行星大气层，我们对研究像地球这样的岩石行星抱有极大的兴趣。"如果要了解太阳、地球和其他行星是如何形成的，那我们就需要寻找正在形成过程中的行星案例。直到不久之前，我们只有一个参照系，那就是我们的太阳系。现在，则有了各种各样不同的恒星和运行在轨道上的系外行星可供选择。

欧洲航天局于2019年12月发射的系外行星特性探测卫星（CHEOPS）的项目科学家凯特·艾萨克（Kate Isaak）博士说："开普勒太空望远镜的研究成果带来了很多惊喜，在我们的太阳系中，离我们较近的地方有较小的岩石行星，而像木星那样的大行星就离我们较远了。其他的行星系统则揭示了，在炙热的木星那样大小的气体巨星周围有着围绕主星的公转周期仅几天的行星。我们发现的一些行星系统的几何形状与我们的行星系统非常不同，这非常令人兴奋。"

寻找"超级地球"

发射系外行星特性探测卫星的主要目标是对已知有系外行星的明亮恒星进行跟踪观测，特别是那些被称为"超级地球"和"超级海王星"的行星。系外行星比它们的同名行星都更大，但比木星和土星这样的气体巨星更小。系外行星特性探测卫星将测量系外行星在前方通过时恒星亮度下降的程度（称为"过境"），这让科学家们能够计算出那颗行星的大小以及其他特性。然后，地基望远镜将通过观察其引力如何使宿主恒星"摆动"来测量系外行星的质量，再结合系外行星特性探测卫星的过境数据，天文学家就可以计算出行星的"总体密度"。

艾萨克说："一旦获得了总体密度，我们就可以开始计算行星的结构和组成。我们的太阳系中没有超级地球，所以问题是'那些超级行星是什么'。"它们是像地球这样的岩石行星，还是像海王星那样的冰结构行星？我们是在谈论水的世界还是小的气团？

研究系外行星的主要目标之一，就是搞清楚产生生命的条件。如果能够获得宇宙中各种行星的图片的话，我们就能够发现像地球这样的岩石行星是什么样的，那些遥远的星球上是否有大气层，以及它们是否在"可居住区域"内运行。换句话说，它们与宿主恒星的距离是否足够近，从而使液态水能积聚在它们的表面，这是我们所知道的生命赖以生存的关键条件。

韦布空间望远镜和系外行星特性探测卫星将提供史无前例的系外行星研究，但它们必须知道去哪里寻找系外行星。这就是美国国家航空航天局的凌星系外行星巡天卫星（TESS）投入使用的原因。于2018年4月发射的凌星系外行星巡天卫星已经开始监测20万颗恒星。预计将发现1500多颗潜在的系外行星候选者，其中约有500颗是可能与地球大小相当或比地球更大的行星。

我们是孤独的吗？

由于地球是我们所知的唯一拥有生命的宇宙天体，因此寻找其他岩石状的、像地球这样的星球是有意义的，我们期望发现生命还存在于宇宙中的其他地方。一个正要执行这项任务的太空探测器就是柏拉图探测器，它是欧洲航天局将于2026年发射升空的探测器，它将在像太阳那样的恒星周围的宜居区域寻找小型的岩石和冰结构天体。希望这能使天文学家们破解是否有类似地球的行星存在的难题，并确定未来的行动方向。

里格比说："当我还是个孩子的时候，我们只知道有九大行星，所有这些行星都在我们自己的太阳系中。自那以后，我们放弃了一颗行星（冥王星），但又知道了1000多颗，而其中最大的一个惊喜就是那些星际系统之间的差异。最大的问题是我们的地球怎样变成了今天这样的世界？地球是如何形成的？太阳又是如何形成的？在一个多岩石的世界中，生命存在的条件——很多的铁和氮，更不用说水了，它们都是如何形成的？"

正如沃尔兹赞和弗莱的发现所显示的那样，你永远都不知道天文学界何时会取得下一个突破，而好奇心是让我们在破解这些天文学难题时开窍的最佳钥匙。

作者：伊恩·托德（《BBC仰望天空》杂志的特约作者）

系外行星特性探测卫星（CHEOPS）将
帮助我们了解系外行星的组成及其形成
过程

生命会找到自己的出路

许多系外行星的极端条件可能使它们看上去无法居住，但强壮的生物（亦称极端
微生物）证明了即使在对生命发展最不利的地方，生命也还是可以生存的。

类蓝藻是一种藻类，我们知道它在热的酸性条件下会茁壮成长。这表明在像金星那

伙计，很远吗？

寻找系外行星的过程展示了只有在科幻小说中才可能出现的大量奇特景象。

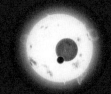

55号钻石行星卡克丽

它的公转轨道与恒星的距离
比水星绕太阳的轨道近了
25倍，从而创造了一个滚
烫的世界，它的表面温度高

开普勒-16B

这是一个拥有两个太阳的
行星，就像《星际大战》
中天行者卢克的行星居所
塔图因。

凯尔特-9B

这个气体巨星的体积大约是
木星的两倍，白天的温度超
过4300℃，比许多恒星都
要热。

样的星球上可能有生命存在，金星以其灼热的酸性大气而闻名于世。除此之外，球菌属细菌是在高温、干旱和高盐度条件下被发现。更重要的是，它可以抵抗辐射，这意味着生命可以经受宿主恒星的辐射而继续生存。甚至在隔绝了光照和氧气的南极冰川底下也发现了微生物，那么在火星的极地冰盖下会有类似的生物存在吗？

在所有的极端微生物中，最著名的也许是缓步类动物。这些微小的生物在欧洲航天局的控制实验下可以承受太空的极端辐射和真空。它们可以在零下272℃至150℃的温度下生存，并且能在没有水的情况下存活数年。更重要的是，如果生存条件对它们来说都变得太极端的话，那么缓步类动物可以暂停除自身重要功能以外的所有功能，并像瞬间停止的动画画面那样继续生存下去。

极端微生物显示出生命可以有多么强壮，并暗示着一个事实，那就是即使在宇宙中最无情的角落里也是有可能发现这类生命的。

WASP-12B'S   OGLE-2005-BLG-   格利泽436B

超级黑洞的新秘密

2019年4月，科学家们公布了一张违反物理学定律的宇宙现象的照片，顿时登上全球的头条新闻。他们是如何拍到那张照片的？那项具有里程碑意义的成就实际上告诉了我们什么？

2019年4月10日是科学史上一个划时代的时刻。在世界各地的6个同时举行的新闻发布会上，一个国际天文学家团队公布了有史以来第一张黑洞图像。模拟分析团队的负责人，美国亚利桑那大学的费雷奥·厄泽尔（Feryal Özel）曾这样说道："那是我一生中最激动的日子。对我来说，这是近20年来工作的顶点。"实际上，那个团队观察到两个黑洞：人马座A*——我们银河系中的一个超大质量黑洞，重量是太阳质量的430万倍——和它在星系M87中的表亲，比它大1000倍。展示的第一张图像是M87核心处的超大质量黑洞。而人马座A*由于较小，在观察它时有物质环绕着它飞行了很多圈，所以产生了模糊的图像。

M87中的黑洞被命名为"波维希"，图像中显示的细节小于其事件视界的范围，而那是入射光线和物质无法返回的点。目前，只能看到这种精确度的细节，因为每个黑洞强烈的引力就像透镜一样，使图像显得比其视界大了足足5倍。

M87中的视界是被强大的无线电波照亮的暗影，无线电波是当物质通过吸积盘（环绕天体旋转的气体和灰尘）向下旋转进入黑洞时，被加热至白炽的程度时发射出来的。环绕着它的光环一侧比另一侧更亮。厄泽尔说："这是因为吸积盘正在旋转，导致朝向我们这一侧的光相对于另一侧的光被增强了。"具有历史意义的M87的黑洞图像是由事件视界望远镜（EHT）获得的，这是分布在全球各地的一系列无线电天线，它们被组合起来用以模拟地球大小的巨型望远镜。拥有地球大小的望远镜是使像黑洞这样遥远微小的目标成像的关键，因为这种望远镜的分辨率（可以分辨出的细节的精细度）取决于其各个组成部分之间的最大间隔。

"事件视界望远镜（EHT）是分布在全球各地的一系列无线电天线，用以模拟地球大小的巨型望远镜。"

是恒星还是超大黑洞？

当物质被压缩到一个非常小的体积时，就会形成一个黑洞，而它的引力会变得无与伦比的强大，任何东西，甚至连光都无法逃脱。由于我们银河系中所有的恒星级质量黑洞都太小了，以至于我们无法通过地球上的探测望远镜看到它们。不过大自然已经造出了第二批黑洞，即"超大质量"的黑洞，其质量高达太阳质量的500亿倍，在每个星系的心脏部位几乎都会有这样的一个黑洞。但是，由于距离很远，我们很难对这些巨形黑洞像对我们自己邻近太空中的恒星级质量黑洞一样进行成像。这里有两个例外：距离我们只有27000光年的人马座A*，以及它的相距我们5600万光年，在M87中的70亿倍太阳质量的表亲。厄泽尔说："这就是选择它们作为EHT目标的原因。"

还有一个问题是，如何在光谱中寻找那些黑洞。在强磁场中盘旋的高能电子从黑洞的吸积盘中延伸出去时产生了无线电波，它们的优势在于可以轻易穿透笼罩着星系中心的尘埃而到达地球。在模拟不同波长下，被超热吸积盘围绕着的黑洞的湍流环境看上去是什么样的，对此厄泽尔是这方面专家，她说："事实证明，最佳波长为1.3毫米。在这个波长上，我们不仅可以透过吸积盘看到黑洞，而且我们的银河系和地球大气层对这个波长的无线电波是透明的。"然而，尽管使用了这个波长，但是大气中的水蒸气仍可能会吸收掉一些宝贵的无线电波能量。因此，EHT的天文学家们选择一年中的某个时间段来进行观测，让位于智利、夏威夷和格陵兰那样遥远地方的所有望远镜达到最优的干燥度。厄泽尔说："最佳的观测时间段是从每年的3月底到4月底。"

黑洞是如何形成的？

我们仍然不确定潜伏在星系中心的超大质量黑洞，例如M87的"波维希"是如何形成的。有些理论将它们的起源归因于宇宙中最早形成的恒星，而另一些理论则将它们的形成归因于"暗物质晕"。然而，我们对恒星黑洞的形成确实有一个较为合理的解释……

死星

一旦恒星的燃料耗尽，它们将以两种方式中的一种死亡。较小的，类似于太阳的恒星会突然消失，形成红色巨星或白色矮星，而大于10倍太阳或更大质量的恒星会成为超新星，最终成为黑洞。

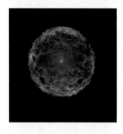

超新星

随着燃料的消耗，核反应的外向压力不再能够抵抗恒星自身的引力。剩余的物质自身坍塌并爆炸形成超新星，同时将物质喷入太空。

坍塌

剧烈爆炸后，引力将剩余的物质聚在一起，压缩成一个体积几乎为零但质量无限的奇点，因此它的密度是无限的。

黑洞

全部的质量都被压缩到一个无限小的点，这意味着奇点的引力变得非常之大，以至于任何东西，甚至是光，都无法逃脱它的引力，这就产生了我们所知的黑洞。

基特峰国家天文台是由10个天文台组成的网络中的最新的望远镜，它们共同构成了事件视界望远镜

2017年4月，事件视界望远镜在8个地点进行了观测；2018年，格陵兰岛增加了1台天线，使得事件视界望远镜的总数增加到了9个；2019年，在美国亚利桑那州的基特峰国家天文台又增加了1台无线电接收天线，这样总数就达到了10个。然而，人马座A*和M87的图像是根据2017年的观测结果产生的。

在每次观测活动中，各个站点的数据都被记录在硬盘驱动器上。普通的硬盘驱动器在高海拔观测站点的低压下会发生故障，因此必须由为太空计划开发的特殊驱动器来替代。2017年，总共有960个驱动器记录了多达5 PB的数据，每个驱动器的容量为6 TB至7 TB，能够存储12亿张照片。那些总重量达半吨以上的硬盘被运往美国的马萨诸塞州和德国的波恩，在那里，来自各个站点的信号都将在专用的被称为"相关器"的超级计算机上整合到一起。事件视界望远镜在各个站点的圆盘天线，都可以看作是地球大小圆盘天线上的微小元素。虽然在理论上到达地球大小圆盘天线每个元素上的无线电波会被反

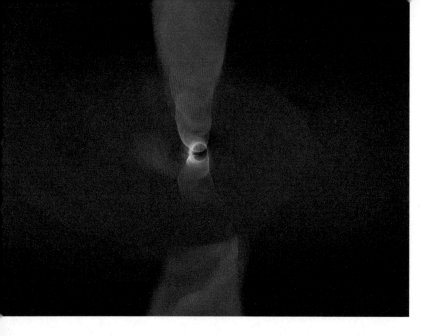

到目前为止，这个计算机生成的图像为我们提供了黑洞外观的最佳图像

射到一个自然的焦点上，但在实际运行中，事件视界望远镜的"元素"却没有这样的焦点。所以就必须模仿反射焦点的过程，方法是在计算机上放送接收到的信号，并准确地再现每个站点反射到焦点时会自然存在的时间延迟。

要使信号完全同步，就必须在每个站点将天线接收的信号与一个超稳定原子钟的时钟信号一起记录下来。然而整合信号仍然非常耗时，因为需要补偿由于不同的大气环境等因素造成的延迟，这就是为什么要花那么长的时间来分析数据。但是，即使完成了这样宏大的计算壮举，也只能算是完成了任务的一半。完成了计算操作之后，仍然需要确定到底是哪种物质的分布导致了观察到的无线电波的模式。厄泽尔说："要想理解正在发生的事情就需要搞清楚在极大范围内正在发生的事情。"

事实证明预测是准确的

引人注目的是，像厄泽尔那样的物理学家是如此的杰出，以至于M87的黑洞图像非常接近他们预期的图像。然而，尽管这在物理学家中是值得庆祝的事情，但却使许多外行人感到不知所措，因为他们认为之前已经看过了。厄泽尔承认："我们是自己成就的受害者！根据物理学家的预测，艺术家们所进行的对黑洞的印象派创作和在电影中模拟的场景最后都被证明是正确的。但他们的那些黑洞是想象出来的，而现在是我们让大家看到了真实的黑洞样貌。"

厄泽尔很高兴能成为观测团队的一员，而获得了黑洞的第一张照片，也让她大为放松。她说："我们的预测可能完全不成立，但令人高兴的是，我们的物理学预测并没有出错！"

除此之外，从M87核心的图像也可以得出它的黑洞的质量。每个太阳质量的黑洞事件视界直径为6千米。因此，通过测量图像中黑洞的宽度并根据黑洞至M87的距离，可以确定它的质量是太阳质量的65亿倍。厄泽尔说："这与从黑洞的引力绕着邻近恒星回旋的速度推论得出的质量非常相近，可以推断它的质量在所有黑洞中排名前10%。"

但是，这幅图像的最显眼之处也许是它锋锐的"光子环"，它标出了黑洞周围光环的内边缘。这是光线横穿事件视界的地方，在此之后，我们的宇宙中再也看不到那些光线了。荷兰奈梅亨拉德布德大学的事件视界望远镜小组成员海诺·法尔克（Heino Falcke）对此评论道："我们已经在时空的尽头看到了地狱的大门。"

厄泽尔解释说："那个黑洞是我们宇宙中被永久遮挡起来的一部分。那是我们目前的物理学水平无法达到的地方。"目前对黑洞的最佳描述还是爱因斯坦的相对论。

"我们已经在时空的尽头看到了地狱的大门。"

费雷奥·厄泽尔，美国国家航空航天局于2019年4月10日公布的图像是她过去20年工作的巅峰

但是，广义相对论很可能近似于更深层理论，由于它预测了无限密度的无意义点的存在，所以它在黑洞的中心崩溃了。这种"奇点"在视界是看不见的。已故的史蒂芬·霍金（Stephen Hawking）曾指出，广义相对论可能会在黑洞的视界上崩溃，而视界实际上可能并不是所有人都相信的不可返回的表面。厄泽尔说："我们还没有看到背离爱因斯坦理论的现象，但是发现那样的不一致性将是非常重要的。"

爱因斯坦从来没有真正相信过现实中会存在黑洞，他既会为他的理论得以存在而感到高兴，又会惊讶于对那个理论噩梦般的预言会成为现实。

厄泽尔说："爱因斯坦于1915年提出的理论，能够如此准确地预测我们在如此极端的环境中所看到的现象这一事实，就是科学的胜利。"她继续说道，"在此之前，黑洞的视界只不过是纸上的数学公式。而现在，这成了宇宙中的真实存在。"

展望未来

事件视界望远镜的长期计划是对人马座A*和"波维希"进行多年的观测，以观察它们是如何吞噬气体并撕裂恒星进而演化的，希望能够了解诸如它们如何引发物质喷射的现象。正是通过这些超快物质的通道（通常会把物质加速到接近光速），超大质量黑洞尽管所占空间相对较小，但仍能控制附属于它们星系的恒星。

厄泽尔说："我们想知道物质喷射是否是在视界上引发的，以及它们是如何聚焦并保持准直的。"

在20世纪90年代，天文学家们使用美国国家航空航天局在地球轨道上的哈勃太空望远镜发现，几乎每个星系的心脏部分都隐藏着一个超大质量的黑洞。"为什么会这样"仍然是天文学界尚未解决的重大谜团之一，而事件视界望远镜不可能解决这一难题。与此同时，天文学界还存在着其他许多谜团。大爆炸之后，超大质量黑洞的形成有多快？它们是在新生星系的心脏中形成的，还是实际上是形成围绕着它们的星系的种子？想要解答这些问题，还需要多多关注那个空间！

与此同时，黑洞的第一个图像看起来可能模糊，但是在未来几年中，我们将获得更清晰的图像。它很可能会继续成为科学史上最具标志性的图像，并与其他著名的图像齐名，例如来自阿波罗8号的地球在月球上方升起的图像，或是对DNA的双螺旋阶梯的第一次窥视的图像。

厄泽尔说："我们人类应该为自己感到自豪。地球上日常发生的事件很容易让人不知所措，但是我们应该花一些时间去这样思考：'我们已经做了一件了不起的事情，我们已经看到了时空的边缘。'"

对黑洞的解剖

1. 吸积盘

这是让人们能看到黑洞位置的部分。在那里，恒星、气体和附近的任何其他物质都以超快的速度旋转着向黑洞飞去，产生出我们可以在地球上探测到的巨大的电磁辐射。被吸向黑洞的物体在接近事件视界时变得更加疯狂和拥挤，有些被拖过了那一点后进入了黑洞，而另一些则向外炸开形成了喷射。

2. 相对论的喷射

主流文化相信没有什么可以逃脱黑洞，但这并不是事实。天文学家已经观察到从黑洞中喷出的粒子射流是如此长且凶猛，以至于脱离了它们自己的星系。借用英国杜伦大学的理论物理学家康斯坦丁诺斯·古古里亚托斯（Konstantinos Gourgouliatos）的一个类比，就像水从一条1厘米直径的软管中流出，穿越地球80%的路径（1万千米）。我们有

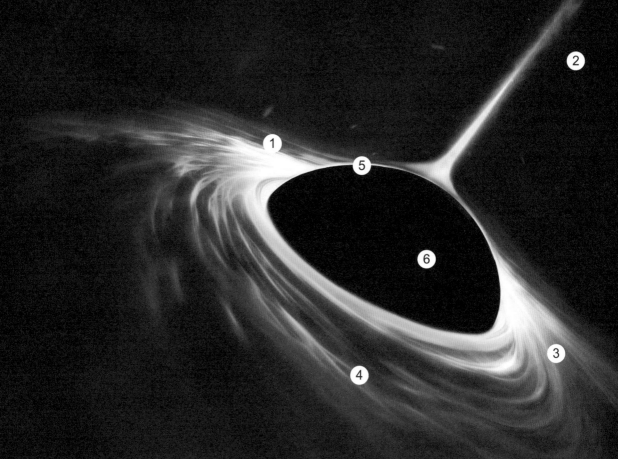

最好的模型表明，黑洞在其极点扭曲了时空结构。这个效应会产生环形的磁场，成为一个宇宙的开瓶器，在将粒子加速到接近光速后发射到宇宙空间中。同时，在黑洞的赤道处形成一个磁性的双车道，这导致磁力线的扭曲和缠结，从而产生另一个粒子加速器的效应。这两个效应催生了宇宙中最快的粒子，敲打着宇宙速度极限的门扉——光速。从长远来看，事件视界望远镜的数据应该可以帮助我们更好地理解这个童话般奇迹的细节。

3. 光子球域

当物质接近事件视界时，它会发射光子（轻粒子）。通常，它们会以直线向外发射，但是在黑洞的顶端，黑洞的引力会让光子的路径弯曲，所以我们会看到一个围绕着球形"阴影"的明亮光环。 希望事件视界望远镜能够及时揭示出有关这两者的更多信息。

4. 最内部的稳定轨道

吸积盘的内边缘是物质围绕轨道旋转跨越临界点滚入黑洞之前的最后一个区域。

5. 事件视界

这是黑洞的黑色部分开始的地方。越过此点，物质将无法逃脱黑洞的引力。更准确地说，要让自己摆脱黑洞引力所需的逃逸速度必须要大于光速。

6. 奇点

吸入黑洞的所有物质和能量最终都停留在那里，大量的物质和能量被压缩在一个无限小的空间中，从而产生了黑洞的巨大引力。世界著名的理论物理学家（电影《星际穿越》的科学顾问）基普·索恩（Kip Thorne）将奇点描述为"物理学定律失效的地方"。

我们是如何知道黑洞的存在的……

为什么我们直到现在才看到物理学家们如此之久地一直相信存在的天体？

卡尔·施瓦茨柴尔德（Karl Schwarzschild）曾是柏林天文台的天文学教授，当第一次世界大战爆发时，他自愿加入德国军队服务。他本不用那样去做，因为他有很好的工作，而且已经40岁了。但他是犹太人，当时德国的反犹太主义正在上升，他想证明自己和其他德国人一样。

施瓦茨柴尔德在比利时运营着一个气象站，为在法国的炮兵计算炮弹轨迹，他在1915年底到了东部战线。在那里，他的嘴里长出了水泡，之后散布到他的整个身体，他被送往一家野战医院，在那里他被诊断出患有寻常性天疱疮，那是一种罕见的自身免疫系统疾病，使得自己的免疫系统对皮肤发起了进攻。施瓦茨柴尔德知道这个病很严重，因为皮肤是人类身体上最大的器官，热量是通过皮肤散失的。因此，当热量散失时，就无法控制体温。而且，皮肤是抵抗微生物的屏障，当这个屏障被破坏时，人就很容易受到威胁生命的感染。尽管可以使用类固醇治疗，但那个病至今还无法治愈。而在1915年时，根本没有任何可用于治疗的药物。

> "爱因斯坦惊奇地收到了一封来自东部战线的信，甚至更惊奇地发现了他曾经认为不可能实现的方程式的解。"

为了分散自己的注意力，施瓦茨柴尔德转向了物理学的研究，他已经了解到爱因斯坦正在研究革命性的引力理论。当他得知爱因斯坦在1915年11月的4次演讲中介绍了他的理论时，他找到了一份书面小结并把它们仔细阅读并消化了。

从牛顿到爱因斯坦

艾萨克·牛顿（Isaac Newton）想象出在太阳和地球之间存在着一种引力，就像一根使地球保持在某个轨道上运行的无形系绳。爱因斯坦意识到那是不正确的。实际上，像太阳这样的巨型天体会在围绕它的时空中形成一个山谷，而地球就像轮盘中的球一样在围绕着山谷的坡上运动。

物理学家阿尔伯特·爱因斯坦

爱因斯坦用10个公式代替了牛顿的描述引力的1个公式。因此，要搞清楚一个给定质量是如何扭曲时空是非常困难的。然而令人难以置信的是，施瓦茨柴尔德发现了像一颗恒星那样的球形星体所引起的山谷状时空弯曲的公式。他把他的发现寄到了柏林，爱因斯坦惊奇地收到了一封来自东部战线的信，甚至更惊奇地发现了他曾经认为不可能实现的方程式的解。过了一周，他在普鲁士学院发表了自己的研究成果。

但是，施瓦茨柴尔德并没有就此停手。

庞大的实体

躺在医院病床上的施瓦茨柴尔德进一步意识到，如果将一颗恒星的体积压缩得越来越小，那么围绕它的时空山谷将变得越来越陡峭，直到最终变成无底洞。没有任何东西，甚至是光都不能逃脱它的引力。如今，世界上的每个人都知道施瓦茨柴尔德所发现的那个东西的名字，但是"黑洞"一词要再过半个世纪后才会被人们所使用。他再次将他的解答发送给了爱因斯坦，而爱因斯坦尽管不相信自然界会形成如此庞大的实体，但还是在柏林公布了施瓦茨柴尔德的解答。1916年春，施瓦茨柴尔德被转移到了柏林的一家医院，并在那里去世了，终年42岁。

天文学研究的主要问题是宇宙太大。它有2万亿个星系，每个星系约有1000亿颗恒星。要在那么多星星中找到一颗有点意思的星球，比在地球上所有沙滩中找到一颗有点意思的砂砾更为困难。那么什么样的迹象可能表明一颗恒星是与众不同的呢？

让我们把时间快进到1971年，地点移动到英国皇家格林尼治天文台位于东萨塞克斯郡的赫斯特蒙索城堡的旧址。保罗·穆丁（Paul Murdin）是一位在那里工作的天文学研究者，他有一个刚建立不久、需要供养的家庭，所以他需要一份长期稳定的工作。保罗必须为自己争取更好的前途，而他对如何做到这一点已经有所考虑，即通过研究X射线源。只有加热到数百万度的物质会发出那种高能量的光。在1970年，美国国家航空航天局发射了乌呼鲁卫星，这是第一颗测量天空X射线源的卫星，穆丁获得了一份研究清单。

他注意到在天鹅星座中有一个明亮的X射线源，并将其命名为天鹅座X-1。在那个星域中唯一不寻常的恒星是一颗蓝色的被命名为HDE 226868的超巨星，它的质量是太阳的许多倍，而它发出的光也要比太阳强数十万倍。那颗恒星不可能是X

射线的源头，但它也许正在沿着X射线源头的轨道上旋转着。

穆丁的同事路易斯·韦伯斯特（Louise Webster）正在测量恒星的运行速度，因此他让路易斯测量一下蓝色超巨星的速度。可以肯定的结果是，他发现这个蓝色超巨星每5.6天绕着一个看不见的同伴运行一圈。从超级巨星的旋转速度推算，它的那个看不见的同伴的质量至少是太阳的4倍，最多是太阳的6倍。在1976年由乔斯林·贝尔·伯内尔（Jocelyn Bell Burnell）发现的中子星和白矮星是当时已知的致密星，不过它们的质量还不够大，所以就只剩下一个候选者——黑洞。

理论成为现实

令人难以置信的是，半个世纪前，一个在东部前线一家野战医院的病床上濒临死亡的人，他所预测的可怕的噩梦实体实际上存在于现实的世界之中！从蓝色巨星上撕下来的物质被加热到白炽以后，被吸到黑洞中时产生了X射线。穆丁和韦伯斯特在《自然》杂志上发表了一篇联合署名的论文。穆丁获得了他的全职工作和一所新的房子，成为历史上有史以来第一个用黑洞研究成果支付房屋贷款的人。

作者：马库斯·乔恩（BBC科学栏目常驻嘉宾、《新科学家》宇宙学顾问、《泰晤士报》年度科学图书奖作家，著有《奇怪的知识增加了》）

寻找宇宙中最古老的星系

再电离透镜星系团调查(RELICS)项目拍摄的阿贝尔星系1758区域中的一个巨大的星系团。

随着"宇宙大爆炸"的火球膨胀然后冷却，它从白炽变成了樱桃红色，最后逐渐暗淡下去。宇宙逐渐陷入了黑暗中，由此产生的宇宙黑暗时代还在不断地延伸着。随着时间的流逝，宇宙的大小一次又一次地翻番，直到有一天发生了一件特别的事情，宇宙的黑暗时代宣告结束。在宇宙的整个长度和广度上，星星开始像圣诞树上的灯一样被点亮了。

最初的几颗星星要么是在引力作用下汇聚到一起建立了第一个星系，要么实际上诞生在组成第一个星系的气体和尘埃云中。寻找这些第一个星系的行动正在升温之中。再电离透镜星系团调查项目发现了在宇宙历史的前10亿年中存在的大约300个星系。其中有一个星系是如此的古老，以至于它所占据的那部分宇宙的年龄仅是当前宇宙138.2亿年年龄的3%。这些天体像持续的残像一样出现在天文学家的望远镜中，它们的光在被我们看到之前已经旅行了数十亿年。

时光倒流

几个国家的40多位天文学家都参与到了再电离透镜星系团调查项目中，并在哈勃太空望远镜和史匹哲太空望远镜上贡献了数百个小时的观测时间。但是，主要的观测我们对广阔空间的研究越深入，我们所能看到的时间就越回溯。现在，美国国家航空航天局的再电离透镜星系团调查项目正在将这种现象推向最大化，试图观察到宇宙开始时形成的星系。

仪器是宇宙本身。散布在宇宙中的巨大星系团的引力场就像巨型透镜一样，聚焦并放大了那些更远的星系的光线，而那些星系通常都太遥远了，无法通过任何其他方式看到它们。巴尔的摩的太空望远镜科学研究所再电离透镜星系团调查的首席研究员丹·科（Dan Coe）说："我们利用了自然界的望远镜。"为了找到有用的透镜星团，以帮助他发现最古老的星系，科搜索了哈勃的影像档案以及最近由欧洲航天局的普朗克卫星观测到的约1000个星系星团的清单。普朗克的主要目的是对宇宙背景辐射（即宇宙大爆炸火球本身的"余晖"）进行成像，但其拾取的远红外线也来自银河星团中的温暖尘埃。科说："我们最终获得了41个巨大的星系团。选择它们的原因是其具有极高的质量，这使得它们成了极为有优势的引力透镜。"

宇宙时间表

从宇宙大爆炸到
今天的宇宙

| 宇宙事件 | 创造宇宙的时刻 | 宇宙"膨胀"，在几分之一秒的时间内，其体积增加了1后面跟着26个零的倍数 | 形成了氦等轻元素 | 第一个原子形成。宇宙从不透明变为透明 |

在每个星团的附近，从理论上讲会有成千上万个遥远星系的魅影，那些星系碰巧被星团的"引力镜头聚焦了"。但是大多数星系都不是非常遥远，所以并不存在于早期的宇宙之中。　科说："找到真正古老天体的诀窍是在哈勃和史匹哲的图像中寻找红外图像中出现的透镜状星系，而不是在哈勃图像中可见光波长下拍摄的透镜状星系。"要了解为什么这样做能找出超遥远、超早期的星系，我们就需要搞懂"红移"的概念。

看到红色

当宇宙还年轻时，它的尺寸比现在要小得多。再电离透镜星系团调查项目中最遥远的星系存在于130亿年前，当时宇宙还不到如今大小的千分之一。随着时间的推移，宇宙空间扩大了，它也延伸了来自那个星系的光线。由于红光的波长比蓝光的波长更长，因此那类星系的光会转移到光谱的红色端，即"红移"。

最早的星系的光已经严重地红移了，以至于曾经的可见光现在显示为"红外"光了，其波长超出了光谱的红色末端。因此，那些具有独有的特征、不为哈勃望远镜可见的星系，对红外线很敏感的哈勃广域相机3可以看见。史匹哲的红外成像仪器对于确定星系是否处于极高的红移状态，还是距离较近，仅因尘埃或老化而自然地呈现红色也是一款十分重要的工具。

由星系团形成的引力透镜会将夜空的一小部分放大，因此可以预测，与遥远宇宙中的任何星系相比，那一小部分区域内有更大的可能包含空白的空间。但是事实证明，早期宇宙中的星系要小得多，而且数量要多得多，实际上，它们很有可能出现在任何给定的引力透镜的视场中。这就解释了为什么再电离透镜星系团调查项目找到的不是少数几个星系，而是发现了约300个星系。这些星系可以追溯到宇宙大爆炸后的前10亿年，并且包括那个时代有史以来观测到的最明亮的星系。

在这300个星系中，有一个以字母和数字命名的星系叫SPT0615–JD。它的红移量为

10，这意味着它所在的可观察到的宇宙直径小于当前宇宙的十分之一，在大约4亿年前就存在了（实际上在先前调查中发现保持当前记录的星系具有11的红移量）。透镜效应使星系扭曲成一个扩展的"弧"，科说需要进一步观察才能发现更多的细节。但是很明显，SPT0615-JD与当今的星系完全不同。它的直径仅是银河系的二十分之一，质量不到银河系的百分之一，而且也没有银河系的规律性。实际上，科和他的同事们把它称为"污点"。其他同时发现的300多个星系的直径同样也很小。

如果有一台时间机器，并且可以回到红移量为10的状态，那么我们会发现自己处在另一个宇宙之中。不会有像今天的"巨椭圆形"和"螺旋形"那样具有独特结构的星系。在它们的位置上，我们会看到微小的无序斑点，通常小于银河系直径的百分之一。这样的星系将以极其猛烈的速度形成恒星，通常比现今宇宙中的星系快数百倍甚至是数千倍。之所以会这样，至少有两个原因：第一，恒星的原料气体丰富；第二，红移量为10的星系数量比今天的星系多了数千倍，并且彼此之间的距离更近，从而导致了频繁的碰撞和合并，引发了强烈的恒星形成过程。

早期宇宙的主要特征是合并，这一事实可能会告诉我们关于当时星系的一些重要信息。科说："很可能，我们正在看到现有星系形成的基础。随着时间的流逝，那些古老的星系注定要相撞并一再合并。实际上，我们的银河系很可能已经进行了数千次此类合并才达到目前的规模。"根据科的这个说法，我们尚未见到第一个星系，因为即使是已发现的最早的星系，也都包含生命将尽的较老的亮红色恒星。可以想象，第一批星系

"再电离透镜星系团调查项目中最遥远的星系存在于130亿年前。"

在宇宙大爆炸之后仅2亿年就形成了。科说，找到它们的最大希望是使用哈勃的后续者韦布空间望远镜，韦布空间望远镜定于2021年年末发射。它的主镜直径为6.5米，它将围绕太阳在被称为拉格朗日L2点的位置上公转，那里距地球约100万千米。拉格朗日点是太空中卫星轨道运动时太阳和地球引力保持平衡的区域。将探测器放在那个区域的任何一个位置上，都可以使其保持相对于地球和太阳固定的位置，只需耗费极少的能量即可改变其方向。

普朗克卫星所看到的宇宙微波背景（Cosmic Microwave Background，CMB）的椭圆天空图。宇宙微波背景是宇宙大爆炸后不久留下的辐射。由于宇宙大爆炸后产生了密度的变化，不同的颜色显示出微小的温度差异。密集的区域吸引了更多的物质，从而使星系形成

引力透镜

红色星系的引力使来自更远的蓝色星系的光线扭曲，从而使其弯曲环绕在红色星系周围

显示了引力透镜效应如何使我们看到本应看不见的物体，例如那颗遥远的蓝色恒星

它是怎么运行的

引力使光的传输路径弯曲，这是1915年爱因斯坦的广义相对论所预测的。阿瑟·埃丁顿（Arthur Eddington）在1919年的日全食期间证实了这一点。光由于引力而弯曲的现象，现在被称为"引力透镜效应"，意味着我们不使用望远镜所看到的遥远的大部分宇宙只是一种错觉。当来自遥远星系的光朝我们行进时，它会通过更近的星系，并且光线会弯曲并聚焦。有时会产生遥远星系的扭曲弧，有时则会产生多个图像。这样的镜头就像望远镜一样，使我们能够观察到原本无法看到的宇宙。

更深层的发掘

由于韦布空间望远镜对远红外线敏感，因此它能够观测到超高红移的星系。希望韦布空间望远镜能够找到"宇宙再电离"这一关键事件的某些线索，因为"宇宙再电离"从根本上改变了早期宇宙中漂浮在整个太空中的气体的性质。大爆炸发生大约38万年后，宇宙的火球已经充分冷却，电子可以与氢和氦原子核结合形成宇宙的第一个原子。但是，这里仍然存在着一个未解的谜。今天，当天文学家观察到漂浮在太空中的氢气时，他们发现氢气的电子已被炸开，它已被"再电离"了。唯一可以使宇宙重新电离的是高能紫外线。那么它又是从哪里来的呢？普朗克的观测表明，电离大约在红移量为9的时候开始。一种可能的原因是，造成电离的紫外线来自宇宙中的第一批恒星，那些恒星可能在宇宙诞生仅一亿年后就开始形成了。另一种可能性是物质被加热到白炽后旋转着被吸入超大质量黑洞时发射出了紫外线，它们在新生星系的心脏部位形成，使它们像

像图中的那样，超大质量黑洞可能在转变早期宇宙中的气体性质方面起到了关键作用

超亮类星体一样发光。科认为，可能有多个来源重新将宇宙离子化了，他说："也许恒星造成了大部分的电离，而类星体造成了某些电离。甚至可以想象可能还有另外一种来源，那就是暗物质粒子湮灭时发射出了紫外线。暗物质是一种神秘的、看不见的东西，它比恒星和星系的总质量重6倍。"

希望韦布空间望远镜能够帮助天文学家解答更多的问题，譬如第一批恒星是何时形成的。众所周知，例如Ⅲ号类恒星仅含有来自宇宙大爆炸的氢和氦，而没有氧、钙和铁等较重的元素，那些元素只能通过恒星内部的核反应才能产生。还没有人发现过任何Ⅲ号类的恒星，那些恒星要比今天看到的恒星重得多，并且仅仅存在了短短的几百万年就爆炸成为超新星了。

哈勃太空望远镜已经发现星系从无规则的斑点过渡到有序结构，像银河系的巨大螺旋一样旋转着，但是韦布空间望远镜可能会发现最早出现这种有序旋转的星系。实际上，科和他的团队有可能通过使用阿塔卡马大型毫米/亚毫米波阵(ALMA)进行后续观察来确定这一点。如果他们能够从任何一个古老的星系中检测到氧的发射，那么发射在穿越整个星系时所产生的频率上的差异就可以显示出某些发射是朝向我们移动的，而有些发射则是系统性地背向我们移动的。这种多普勒效应是证明星系旋转的最明显证据。韦布空间望远镜可能还会解决一些其他的问题，例如第一个星系是什么时候形成的？它们具体是什么样子的？它们真的是像银河系一样的星系形成的基础吗？科说："我们已经观察到超过134亿年的宇宙时间中的星系演化，这差不多涵盖了有史以来的97%。我最想看到的是那还未曾发现的3%，因为那很有可能是解答宇宙问题中剩下的最后一块拼图。"

作者：马库斯·乔恩（BBC科学栏目常驻嘉宾、《新科学家》宇宙学顾问、《泰晤士报》年度科学图书奖作家，著有《奇怪的知识增加了》）

工程师们正在组装定于2021年年末向太空发射的韦布空间望远镜的主镜

"希望韦布空间望远镜能够帮助天文学家解答更多的问题，譬如第一批恒星是何时形成的。"

从理论上讲，有可能在地球上生成虫洞吗？

1935年，爱因斯坦和他的同事内森·罗森（Nathan Rosen）证明，在理论上可以通过穿越空间和时间的捷径——"虫洞"将相隔数个光年的黑洞连接起来。要想在地球上创造一个虫洞，我们首先要拥有一个黑洞，这是极具挑战性的，因为想要创造一个直径仅1厘米的黑洞需要将与地球大致相等的质量压缩到极小的体积。另外，在20世纪60年代，理论物理学家们证明虫洞会非常不稳定。使用由量子理论预测存在的所谓的"异物"来稳定虫洞是可能的。这个怪异的东西可能会产生抗引力作用，这会阻止虫洞塌陷。但是，没有人知道如何去实现这样的事情。而且，即便能够成功，结果很有可能是毫无意义的。理论物理学家们怀疑，通过虫洞旅行实际上比简单地通过传统路线穿越太空要花费更多的时间。

一块磁铁可能从黑洞中拉出一个物体吗？

天文学家已经发现，超大质量黑洞附近的磁场强度可以与它们的引力场一样强。这些磁场可以将物质从黑洞周围排出，形成高能流出物，称为"喷射"。但是，这个过程不适用于已经越过黑洞事件视界（引力强到光也无法逃脱）的物质。这样的物质至少需要被加速到光的速度才有可能逃逸，爱因斯坦的广义相对论表明这需要耗费无限的能量。对于一块磁铁来说，无论它的磁场多么强大，都无法提供这样的能量将物体从黑洞中拉出。

如果木星大到像一颗恒星那样，对我们的太阳系会有什么影响呢？

如果木星一直在成长，那么它最终将成为一颗恒星。如果这颗恒星只是勉强发光的"褐矮星"，那么对太阳系行星轨道的影响将很小。但是，如果它成为一颗更大的恒星，它可能会阻止太阳系的行星形成稳定的轨道。无论如何，这都将大大增加行星表面接收到的辐射量，太阳系中出现生命的可能性将大大降低。

火星上的水是什么味道？

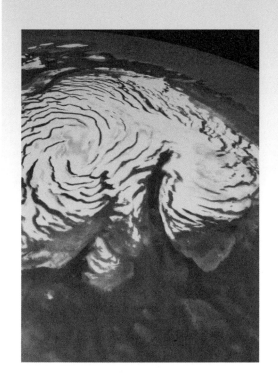

火星上的大部分水都不是液体，而是冰与土壤的混合物。火星上的气压很低，会让纯水冰直接从固体升华为气体，而不会融化成液体。有证据表明，"红色星球"可能会存有一些液态水，但也会咸得不能直接饮用。如果你在加压的栖息地内将火星水蒸馏处理的话，收集到的水将是安全可用的。

月亮在南半球看起来是倒挂的吗？

　　是的，与北半球相比，南半球的月球看起来确实"颠倒了"，不过这只是方向问题。想象一下，假设月亮与赤道在同一平面内绕行。如果你在北半球，那么月亮将始终出现在南部天空中，因为那是赤道的方向；在南半球则相反，月亮将出现在北部天空中。因此，两个观察者从相反的方向看同一物体，自然地，一个人看到的物体与另一个人相比是被翻转了。而"月球上的人"倒挂在南半球的上空，看起来更像是一只兔子。

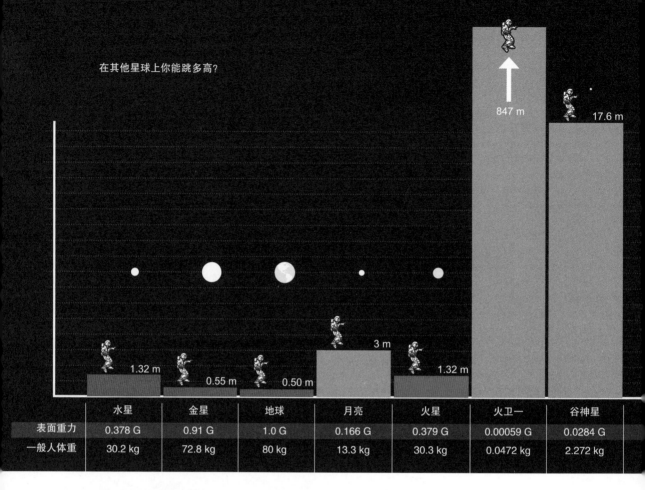

在其他星球上你能跳多高?

847 m

17.6 m

3 m

1.32 m   0.55 m   0.50 m   1.32 m

	水星	金星	地球	月亮	火星	火卫一	谷神星
表面重力	0.378 G	0.91 G	1.0 G	0.166 G	0.379 G	0.00059 G	0.0284 G
一般人体重	30.2 kg	72.8 kg	80 kg	13.3 kg	30.3 kg	0.0472 kg	2.272 kg

人类已知的最大天体是哪一个?

宇宙中已知的最大"天体"是武仙-北冕座长城。这是一个"宇宙纤维状结构",它是由引力束缚在一起的庞大的星系群,它的宽度估计约有100亿光年!但是,这并不是严格意义上的"天体",我们通常所说的"天体"是指像恒星或星系那样被紧密束缚的物体。已知的最大椭圆星系是IC 1101(直径为400万光年),已知的最大螺旋星系是马林1号(直径为65万光

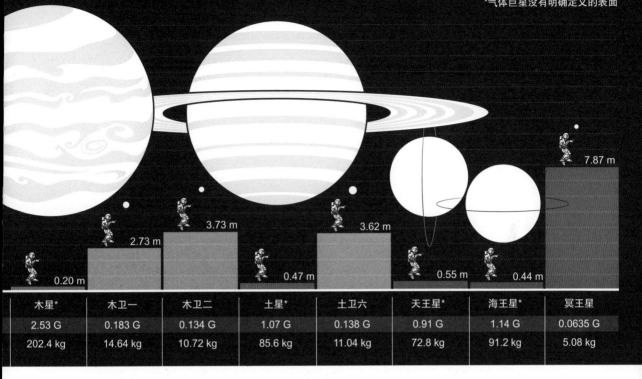

木星*	木卫一	木卫二	土星*	土卫六	天王星*	海王星*	冥王星
2.53 G	0.183 G	0.134 G	1.07 G	0.138 G	0.91 G	1.14 G	0.0635 G
202.4 kg	14.64 kg	10.72 kg	85.6 kg	11.04 kg	72.8 kg	91.2 kg	5.08 kg

年）。同时，按半径计算最大的恒星是盾牌座UY，这是盾牌星座中的红色超巨星，估计其半径超过10亿千米，是太阳半径的1700倍。

太阳会发出声音吗？

太阳以压强波的形式产生声音。压强波是由太阳深处升起的巨大热气团产生的，以每小时数十万英里（1英里约等于1.609千米）的速度移动，最终冲破太阳表面。结果，太阳的大气层就像一锅煮开的水那样沸腾。声波的特性（如速度和振幅）取决于它们通过的介质，这可用于研究太阳深层的内部。不幸的是，太阳声波的波长有数百英里，因此它们超出了人类的听觉范围。

能够探测到我们无线电信号的
离地球最远的距离是多少？

商业广播开始于大约100年前，但那些早期的传输所使用的频率要么被大气层衰减掉了，要么被太阳的无线电辐射给淹没了。相比之下，在冷战时期建立的用于探测来袭弹道导弹的军用雷达传输装置，其功率和频率特

性可以在数百光年的距离内被探测到，并且人类已经向距离地球60光年之内的所有外星人宣告了我们的存在。

地球有第二个"月亮"吗？

绕地球运转的只有一个永久的自然天体——月球，不过有好几个小行星算是地球的"准卫星"。从我们的角度来看，它们似乎绕着我们的星球转圈而行，但实际上它们并不在绕地球运行的轨道上。有时，地球会在一个临时轨道上捕获一颗小行星，

这些行星可以被视为地球的卫星或"迷你月亮"。小行星2006 RH120是一个汽车大小的地球"月亮"，它曾从2006年9月至2007年6月在绕着地球的轨道上飞行。

太空有气味吗？

我们无法直接闻到太空的气味，因为我们的鼻子无法在真空中工作。但是，国际空间站上的宇航员报告说，在太空行走后，太空服上会散发出像焊接烟雾那样的金属味。罗塞塔号彗星探测器还检测到了散发着腐烂鸡蛋、苦杏仁和猫尿味的化合物正从67P /丘留莫夫–格拉西缅科彗星的表面蒸发出来。

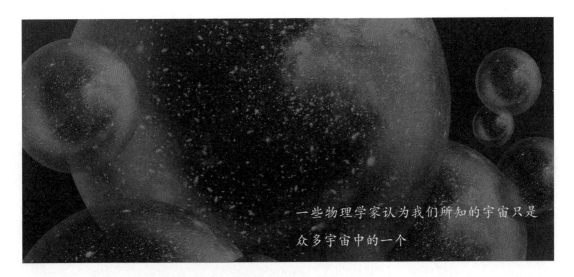

一些物理学家认为我们所知的宇宙只是众多宇宙中的一个

我们可能会探测到另外的宇宙吗？

我们的宇宙只是众多宇宙中的一个，从而构成一个真正无限的"多重宇宙"的观点，是现代物理学中最有趣也是最具争议的理论之一。它是基于试图找到一个用一组方程式来描述组成现实的所有粒子和力的真正的"万有理论（Theory of Everything，ToE）"。一些试图创建万有理论的尝试假设存在着许多不同的宇宙，每个宇宙具有不同的物理定律。这样的差异可能会揭示在我们的周围存在着其他的宇宙，但我们还不清楚它们将如何被发现。一种可能是通过大爆炸所产生的残余热量的畸变。这已经被精确地记录下来了，其中可能包含着与另一个隐蔽的宇宙存在相一致的模式。

在其他星球上可能会有地球上没有的物质吗？

　　绝对是有的，因为我们经常从陨石中发现那样的物质。到目前为止，化学分析已从深空碎片中鉴定出约300种矿物，其中包括约40种陨石中特有的矿物。1969年，在墨西哥爆炸的阿连德陨石中发现了一种十分吸引人的材料。在分析其碎片后，科学家们在2012年宣布发现了一种不仅在地球上从未见过，甚至从未有人认为有可能存在的材料。以中国神话中开天辟地的巨神盘古命名，"盘古"由奇特的元素混合而成，其中包括钛、锆和钪。

暗物质可能只是在深度空间里漂浮的死去的恒星和行星吗？

　　一些天文学家确实在理论上认为，暗物质可能只是我们看不见的普通物质，而不是奇特的、尚未发现的粒子。这个普通的物质可能包括黑洞、中子星、褐矮星、白矮星、微弱的红矮星，甚至是孤立的行星。这些物体统称为晕族大质量致密天体（Massive Astrophysical Compact Halo Objects，MACHOs），它们能发出的光很少，但是如果它们在背景物体的前面或附近通过（通过引力将从更远处传来的光弯曲的方式），我们就可以检测到它们。迄今为止的研究得出的结论是，晕族大质量致密天体仅占宇宙中缺失质量的极小部分。因此，暗物质的性质仍然是个谜。

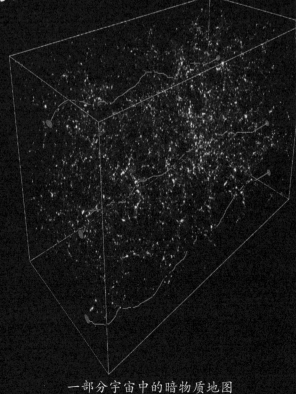

一部分宇宙中的暗物质地图